맛있고 간편한

과학 도시락

맛있고 간편한
과학 도시락

김정훈 지음

은행나무

 서 문

요즘에는 학교마다 급식시설이 있지만, 제가 학교에 다니던 시절만 해도 도시락을 쌌습니다. 중학교 때는 점심용으로 1개, 고등학교 때는 점심과 저녁용으로 2개를 주렁주렁 달고 다녔습니다.

그런데 점심 도시락이 점심시간까지 남아 있는 경우는 거의 없었습니다. 제가 다니던 고등학교에는 농구 골대가 5개 있었는데, 워낙 인기라 점심시간 종이 울리자마자 뛰어가야만 농구 골대를 차지할 수 있었기 때문입니다. 주로 3교시 끝나고 쉬는 시간 10분 만에 점심 도시락을 해치웠습니다. 친구들과 함께 후다닥 먹는 도시락은 꿀맛입니다. 4교시 수업을 맡은 선생님은 코를 틀어막고 소리를 지르십니다. "야 이놈들아, 창문 열어!"

아무튼, 똑같은 음식도 도시락으로 싸서 친한 사람과 함께 나눠 먹으면 더 맛있는 것 같습니다. 도시락은 간편하게 먹을 수 있습니다. 또 어디든지 경치 좋은 곳에 가서 먹을 수도 있습니다. 격식 있는 정찬도 좋지만, 도시락에는 이와 다른 즐거움이 가득합니다.

《맛있고 간편한 과학 도시락》은 재미있는 과학상식을 도시락처럼 즐길 수 있게 쓴 책입니다. 후다닥 먹을 수 있는 도시락처럼 쉬는 시간 10분이면 한 주제의 글을 여유 있게 읽을 수 있습니다. 읽으면서 복잡한 용어를 외우거나, 이해하기 위해 반복해서 읽을 필요는 없습니다. 그냥 부담 없이 읽다 보면 어느새 배가 뿌듯해질 겁니다.

　도시락 반찬은 가능하면 생활 가까이 찾을 수 있는 재료로 만들었습니다. 바로 친구와 잡담할 때 자주 언급되는 이야깃거리입니다. 이들은 '과학'이라는 명찰을 달고 있지 않지만 사실 과학 이야기입니다. 그렇다고 영양을 무시할 수는 없는 법. 간간이 등장하는 질긴 재료는 칼집을 넣고, 양념을 쳐서 부드럽게 조리했습니다. 조금 오래 씹어야겠지만 다른 반찬보다 더 깊은 맛을 느낄 수 있을 겁니다.

　아무쪼록 《맛있고 간편한 과학 도시락》을 많이 드시고 건강하시길 바랍니다. 맛있게 먹은 음식이 소화가 잘 되는 것처럼, 재미있게 읽은 과학상식이 소화가 잘 됩니다. 오래오래 살과 뼈로 남을 겁니다.

김정훈

차 례

서문 4

우리 몸에 숨겨진 과학

어린 머리칼의 파마 체험기 12
내 발은 '이집트형'일까, '그리스형'일까? 16
'손에 땀을 쥐게 하는' 이유는? 20
사랑한다는 말은 왼편에서 속삭여라! 24
우월한 '열성' 열등한 '우성' 29
우리 몸에 '기생충' 닮은 기관 있다? 33
양을 세면 잠 오는 이유 38
겨드랑이 털은 왜 구불구불할까? 42

생활 속의 과학

'언 발에 오줌 누기' 속담 속에 숨은 과학 48
과속 단속카메라 어디 어디 숨었나? 53
환경호르몬 걱정 없이 플라스틱 쓰기 59
병 주고 약 주는 무아레 현상 64
정전기가 겨울로 간 까닭은? 68
'복원'보다 가치 있는 '보존' 73
음식의 팔방미인 소금 77
알면 두고두고 써먹을 식약(食藥) 궁합 81

생명 연장의 과학

생물학이 만드는 '현대판 십장생(+長生)' 88
상처가 아니라 통증 때문에 죽는다? 93
독감과 감기, 뭐가 다를까? 97
세균이 비만을 만든다고? 101
이 한 몸 바쳐 주인 살리리! 세포 자살 106
암세포를 정상세포로 돌린다? 110
세계 사망 원인 1위, 심혈관질환 115
달콤한 오줌이 살을 깎는다? 120
면역세포를 갖고 노는 HIV 125
세균워즈 – 내성균의 역습 129
항생제 내성균 먹는 '박테리오파지' 134
뇌사와 식물인간은 다르다? 139

인간 한계에 도전하는 스포츠

100m 신기록, 인간 한계 깰까? 144
축구 프리킥의 진화 149
"왼손은 거들 뿐"–'막슛'의 비밀 154
과학으로 본 '마린보이' 박태환의 수영 159
김연아 명품 점프의 비밀은? 164
금단의 유혹, 운동선수와 약물 170

신기한 생태계

개구리가 보는 세상은 온통 회색! **176**
나도 최면술사 "닭아, 잠들어라!" **181**
'피눈물' 쏘는 뿔도마뱀의 사연 **186**
소금호수 속 스피루리나가 지구 살린다? **191**
알렉산더 대왕의 살인자, 모기? **195**
헬로, 무스 무스쿨루스! **200**

미래로 나아가는 첨단 기술

층 버튼 없는 엘리베이터도 있다? **206**
미래에 변전소가 사라지는 이유 **211**
모양과 색을 내 맘대로~ 식물 디자인 **215**
물방울로 렌즈 만드는 '일렉트로웨팅' **220**
구름씨 뿌리는 현대판 '레인메이커' **225**
스스로 조립하는 나노 캡슐, 쿠커비투릴 **230**
전지와 자석의 성질을 동시에! 금속산화물 **234**
공짜로 전기 만드는 시대가 온다 **239**
삼중수소의 환골탈태 **244**
미개척 전파 '밀리미터파' 시대를 열다 **249**
옷, 그 이상의 옷! **254**

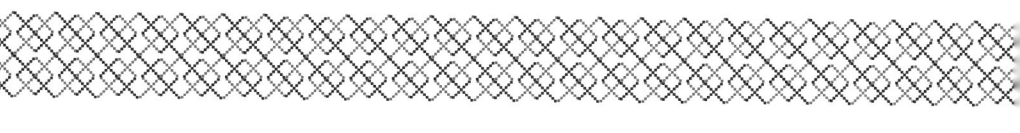

우주 정복의 꿈

스푸트니크에서 국제 우주정거장까지, 우주개발 50년사 260
동물 희생 위에 세워진 우주 개척 266
ISS 물류는 우리가 책임진다! 271
맨몸으로 우주에서 몇 초나 버틸 수 있나? 276

괴짜 과학자들의 비밀 노트

내가 만든 건 무조건 먹어 봐야 해! 화학자 쉘레 282
머리가 커서 슬픈 닐스 보어 286
ET의 존재를 주장한 조선 과학자, 홍대용 291
게이폭탄이 노벨평화상!? 이그노벨상 2007 296

도시락 하나

우리 몸에 숨겨진 비밀

우리 몸에 숨겨진 비밀 01
어린 머리칼의 파마 체험기

세상에 나온 지 딱 한 달 된 어린 머리칼은 모든 것이 궁금하다. 다행히 바로 옆에 2년 된 아줌마 머리칼과 5년이나 된 할아버지 머리칼이 있어 어린 머리칼의 쉴 새 없는 질문에 대답을 해준다. 오늘은 어린 머리칼이 처음으로 미장원이란 곳에 온 날이다.*

날카로운 가위가 소리를 내며 머리 위로 지나간다. 어린 머리칼은 아직 키가 작아 무사했지만, 가장 긴 할아버지 머리칼이 썽둥 잘려나갔다. 한참을 그렇게 가위 소리가 나더니 머리칼들 위로 물이 부어진다.

"아이, 시원해~ 이거 우리가 아침마다 하는 거네요."

"호호, 오늘은 이걸로 끝이 아니야. 우리 주인이 '파마'라고 부르는 것을 하게 될걸."

아줌마 머리칼이 자신의 경험을 되살려 이야기한다. 키가 확 줄어든

---

* 머리칼의 수명은 남자가 4~5년, 여자가 5~6년 정도다.

할아버지 머리칼도 멋쩍게 거든다.

"흠흠, 넌 처음이겠지만 난 벌써 스무 번도 더 경험했지. 곧 놀랄 만한 일이 일어날 거다."

잠시 후 끈적이는 느낌의 액체가 어린 머리칼에게 부어졌다. 고약한 냄새와 끈적이는 느낌이 싫어서 뒤척이는 동안 이상한 사실을 발견했다.

"어, 아줌마! 몸이 이상해요. 꼿꼿하게 설 수가 없는 걸요!"

어린 머리칼의 내부에 무슨 일이 일어났다. 뼈가 없는 것처럼 몸을 제대로 가눌 수가 없다. 내부를 지탱하던 무엇인가가 끊어진 것이다.*

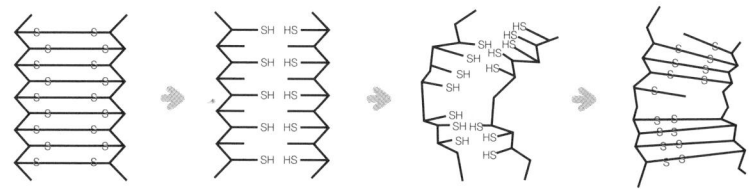

정상 모발의 구조   환원제로 황결합 끊어짐   봉에 말아 휘어진 상태   산화제로 다시 황결합

"너는 이제야 부드러워졌구나. 우리 몸을 구성하는 물질들의 연결이 끊어졌기 때문에 그렇게 된 거야. 우린 너보다 더 빨리 부드럽게 됐지. 무서워 말고 좀 기다려 봐. 훨씬 멋지게 변신하게 될 테니."

아줌마 머리칼이 타이르듯이 말했다.**

둥그런 기둥이 다가오더니 어린 머리칼은 아줌마, 할아버지와 함께

---

* 머리칼을 구성하는 단백질은 황결합이라 불리는 분자결합으로 이루어져 있다. 파마약은 황(S)과 황 사이에 수소(H)를 넣어 둘의 결합을 끊는 환원제의 역할을 한다.
** 머리칼의 손상이 적을수록 파마약이 침투하는 데 시간이 오래 걸린다. 파마나 염색을 자주하면 머리칼이 손상된다.

둘둘 말려버렸다. 주변을 둘러보니 다른 머리칼들도 마찬가지로 둥그런 기둥에 차례차례 말려진다. 갑자기 머리 위로 뜨거운 붉은 빛이 비춰진다.

"아이 뜨거워. 몸이 뒤틀려서 불편한데 덥기까지 하니 짜증나요."

"허허, 네가 아직 어려서 이 맛을 모르는구먼. 뜨듯~하니 몸이 그냥 녹는구나, 녹아! 어이구 좋다."

할아버지 머리칼은 몸 안에 지탱하던 것이 점점 더 많이 끊어져 풀어지는 기분이 좋은가 보다. 하지만 어린 머리칼은 아직 불편하기만 하다.*

한참이 지나서야 뜨겁게 비치던 붉은 빛이 꺼졌다. 이내 하얀 거품이 부어진다.

"켁켁! 이게 뭐에요. 시원한 건 좋은데 냄새는 별로 안 좋아요."

"오호호호~ 없어졌던 뼈가 돌아오는 이 기분. 난 이때가 제일 좋더라. 넌 안 느껴지니?"

"어, 진짜로 그러네. 몸이 다시 단단해져요."**

둥그런 기둥을 치웠는데도 어린 머리칼의 모양은 둥글게 말린 그대로다. 몸 안을 지탱하던 것이 사라졌다가 돌아오는 기분은 그리 좋지 않았지만, 둥글게 변신한 자신의 모습이 꽤 멋져 보인다.

"아줌마, 둥글게 말리는 이게 파마라는 거예요?"

"그래, 이게 파마야. 하지만 몇 달만 있어봐라. 우리 주인은 또 판판

---

* 황결합을 끊는 화학 반응은 온도가 높을수록 잘 일어난다. 하지만 단백질인 머리카락은 너무 높은 온도에 타 버리기 때문에 적당한 온도로 가열해야 한다.

** 과산화수소 등의 산화제는 끊어진 황결합을 다시 잇는 역할을 한다. 제일 처음 결합이 아닌 둥글게 말린 상태로 다른 분자와 황결합을 하게 된다. 이렇게 되면 둥글게 말린 상태를 유지하게 된다.

하게 편다고 똑같은 짓을 할 걸. 근데 펴는 것도 파마라고 하던데."

"네? 펴는 것도 파마라고요? 그것 참 되게 헛갈리네요!"*

머리를 펼 때는 봉 대신 판을 사용한다. 파마의 원리는 약 100년 전 처음 개발되었을 때와 크게 달라지지 않았다. 최근 한국화학연구원에서 개발한 '나노파마약'도 속도가 빨라지고 편리해지기는 했으나 기본 원리는 똑같다. 너무 잦은 파마는 머리카락을 손상할 수 있으니 손상이 없는 신개념의 파마약이 나오기 전까지는 지혜롭게 하는 것이 좋겠다.

파마에 대한 진실 혹은 거짓

Q. 비 오는 날에 파마하면 쉽게 풀린다?
거짓. 파마는 화학반응이기 때문에 습도와는 상관없다. 단, 미용실 안의 온도에는 영향을 받는다.

Q. 생리 기간엔 파마가 잘 안 된다?
진실. 생리 기간이 되면 여성의 두피가 지성으로 변해서 파마약이 잘 듣지 않을 수 있다.

Q. 냄새가 심하면 싼 파마약이다?
진실. 환원제로 쓰이는 약품에 염기가 들어가는데 값싼 파마약에는 냄새가 심한 암모니아가 들어간다.

Q. 임신 기간 중 파마는 절대금물이다?
거짓. 파마약이 태아까지 영향을 준다고 보기는 힘들다. 단 임신 초기에는 금하는 것이 좋다.

---

* 환원제를 사용해서 황결합을 끊은 후 산화제로 다시 고정시키는 방식을 쓰면 모두 파마다.

우리 몸에 숨겨진 비밀 02
내 발은 '이집트형'일까, '그리스형'일까?

오래간만에 신발 가게에서 구두를 골랐다. 항상 느끼지만 왼발에 맞추면 오른발이 허전하고, 오른발에 맞추면 왼발은 너무 빡빡하다. 매장 직원에게 물었더니 자기도 그렇다고 한다. 희한하게도 왼발과 오른발은 손에 비해 양쪽의 차이가 크다.

지난 2003년 한국표준과학연구원 박세진 박사가 한국인 600명을 대상으로 조사한 결과에 따르면 왼발이 오른발보다 평균 0.6mm 더 길다. 0.6mm은 작은 차이라고 생각할지 모르나 어디까지나 평균이 그렇다는 얘기. 왼발과 오른발 길이가 1~2mm 정도 차이 나는 사람은 흔히 볼 수 있고, 10mm 이상 차이 나는 사람도 있다. 왜 왼발이 오른발보다 더 긴 사람이 많을까?

∷ 많이 쓰는 발, 발가락이 길다

이유는 오른손잡이가 왼손잡이보다 많기 때문이다. 오른손잡이는 왼발이 오른발보다 더 힘이 센데, 손과 달리 척수에서 신경이 한 번 교차가 되기에 나타나는 현상이다. 따라서 과학자들은 왼발이 몸을 지탱하고 힘을 쓰는 역할을 하다 보니 오른발보다 더 길어졌다고 추정한다.

혹시 축구를 잘 하는 사람은 '난 오른손잡이인데 오른발 슛이 더 강하니 오른발이 더 센 것 아닌가' 라는 의문을 가질지도 모른다. 그렇게 생각한다면 멀리뛰기를 해 보고 어느 발로 구르는지 시험해 보라. 분명 왼발로 구를 것이다. 오른발이 공을 차고 드리블 하는 동안 왼발은 온 몸이 흔들리지 않도록 묵묵히 지탱하는 역할을 한다.

발 길이가 차이 나는 것처럼 발가락 길이도 사람마다 다르다. 고대 이집트와 그리스의 벽화와 조각을 보면 이집트인은 엄지발가락이 둘째발가락보다 길고, 그리스인은 반대로 둘째발가락이 엄지발가락보다 길다. 따라서 엄지발가락이 둘째발가락보다 긴 발을 이집트형, 짧은 발을 그리스형, 같은 것을 스퀘어형이라고 부른다.

우리나라 사람들은 이집트형이 60%로 가장 많고, 그리스형은 7%, 스퀘어형은 33%이다. 세계적으로도 이집트형이 가장 많은데 이는 엄지발가락의 중요성을 설명해주는 대목이다. 손에서 엄지손가락이 가장 중요하듯, 발에서도 엄지발가락은 발의 균형을 잡고, 추진력을 만들어내는 중요한 역할을 담당한다. 때문에

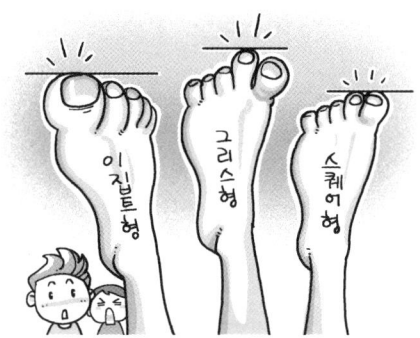

육상 선수들은 엄지발가락 근육을 발달시키기 위해 따로 연습을 하기도 한다.

:: 발은 손보다 섬세하다?

우리 몸을 지탱하고 이동시키는 발의 모습을 좀 더 자세히 들여다보자. 양쪽 발이 차지하는 뼈의 개수를 모두 합하면 52개. 양손이 차지하는 뼈의 개수가 54개이니 우리 몸의 뼈 206개 중에서 손과 발이 차지하는 뼈가 절반이 넘는다. 따라서 발은 손만큼은 아니지만 무척 섬세한 움직임을 만들 수 있다.

또 손과 마찬가지로 제곱미터 당 수천 개의 말초신경이 존재해 감각이 매우 발달한 기관 중 하나다. 특히 촉각에 대해서는 손가락 끝보다 더 민감하다. 발이 손보다 간지럼을 더 많이 타는 것으로 알 수 있다. 우리가 발을 훈련하지 않아서 그렇지, 양손을 잃어 발로 손을 대신하는 사람을 보면 문을 열고, 키보드를 치고, 그림을 그리며, 음식을 먹는 등 손이 하는 거의 모든 행동을 발로 대신할 수 있다.

게다가 발을 구성하는 20개의 근육은 촘촘히 연결돼 있어 웬만큼 강한 압력도 쉽게 분산시키도록 돼 있다. 성인이 하루 종일 걸을 때 발에 실리는 무게를 모두 합치면 1천 톤에 달한다. 평생 20만~40만km를 이동하고, 3억 번을 굽혔다 펴도 발은 끄떡없다. 이런 내구성은 발 근육의 쿠션 장치 때문이다.

그러나 이러한 중요성에도 불구하고 발은 우리 몸에서 가장 천시되는 기관 중 하나다. 얼굴 씻은 물로 발을 씻지, 발 씻은 물로 얼굴을 씻는 사람은 없을 것이다. 하지만 전문가들은 얼굴을 관리하는 수고의 10분의 1만 발에 투자해도 건강을 얻을 수 있다고 조언한다.

이 중 자신의 발에 맞는 신발을 잘 골라 신는 것이 가장 큰 투자가 될 것이다. 지나치게 높은 하이힐은 '서양판 전족(纏足)'이나 다름없다. 하이힐을 오래 신으면 엄지발가락이 눌려 변형되고 관절이 상한다. 그리고 가끔 사랑하는 가족의 발을 정성스럽게 씻어 주자. 발은 촉각이 가장 잘 발달한 기관이기 때문에 사랑하는 마음도 가장 잘 전달된다.

우리 몸에 숨겨진 비밀 03

'손에 땀을 쥐게 하는' 이유는?

독일 철학자 임마누엘 칸트는 손을 가리켜 '눈에 보이는 뇌의 일부'라고 했다. 우리가 뇌의 명령을 받아 행하는 일 중에 손이 가장 다양하고 많은 일을 처리한다. 심지어 우리의 손은 사물을 만지며 알아채 눈의 역할을 대신하고, 손짓으로 말해 입의 역할을 대신하기도 한다. 곰곰이 생각해보면 손은 단순한 몸의 한 기관 이상이다.

인간이 지금의 문명을 이룬 것도 손을 자유롭게 쓰면서부터다. 과학과 예술의 혼은 뇌에서 나올지언정 그것을 현실 세계로 끄집어내는 역할은 손이 담당한다. 우리의 손이 '제2의 뇌'의 역할을 할 수 있었던 이유는 무엇일까?

: : **인류 문명을 만든 엄지**

손은 인체 기관 중 가장 많은 뼈로 구성돼 있다. 사람 뼈의 총 개수는

206개, 이 중 양손이 차지하는 뼈의 개수는 무려 54개다. 말 그대로 '손바닥만 한' 기관에 우리 몸 전체 뼈의 25%가 들어 있다는 얘기다. 손은 14개의 손가락뼈, 5개의 손바닥뼈, 8개의 손목뼈로 구성돼 자유자재로, 또 정교하게 움직일 수 있다.

이뿐 아니다. 손은 우리 몸에서 가장 감각점이 발달한 기관이다. 특히 손가락 끝에 집중적으로 분포하는데 이 때문에 우리는 손끝으로 미묘한 차이를 감지해 낼 수 있다. 우리나라 사람들의 손가락 감각은 특별해서 병아리 감별, 위조지폐 감별 같은 분야에서 세계적인 명성을 갖고 있다.

이렇게 뛰어난 사람의 손이 문명을 이끈 것처럼 동물의 손(원숭이와 같은 동물의 앞발을 손이라고 한다면)과 다른 차원에 두는 결정적 차이는 바로 엄지손가락이다.

독일 해부학자 알비누스는 엄지손가락을 '또 하나의 작은 손'이라고 했다. 아이작 뉴턴도 "엄지손가락 하나만으로도 신의 존재를 믿을 수 있다"고 칭송했다.

과학자들이 이렇게 엄지손가락을 칭송한 이유는 사람의 엄지손가락이 나머지 4개 손가락과 맞닿을 수 있기 때문이다. 침팬지도 엄지손가락과 검지손가락을 가까스로 붙일 수 있지만, 엄지손가락이 짧아 매우 불안정하게 물건을 쥘 수 있을 뿐이다.

엄지손가락이 다른 손가락과 붙는 것이 뭐 그리 대단할까? 만약 그렇게 생각한다면 엄지손가락을 봉인하고 지내보라. 물건을 집고, 연필을 쥐고, 가위질을 하고, 신발 끈을 묶는 등 모든 일상생활이 만만치 않은 일이 될 것이다. 네 손가락의 끝과 안정적으로 붙일 수 있는 엄지손가락의 탄생으로 인류는 수많은 문명을 소유하게 된 것이다.

∷ 긴장하면 손발에만 땀난다

　손에 있는 지문은 섬세한 작업을 가능하게 하는 손의 마지막 장치다. 지문이 있기 때문에 손은 적당한 마찰력을 갖게 됐다. 따라서 물건을 집거나 도구를 사용할 때보다 안정적인 작업이 가능하다. 또 지문으로 손의 표면적은 훨씬 늘어나게 되는데, 이는 감각점의 수를 늘려 더 섬세한 작업을 할 수 있도록 해준다.

　또 지문은 사람을 구별하는 고유한 식별 코드다. 지문은 영장류와 사람에만 있는데, 사람의 지문이 다른 영장류보다 훨씬 복잡하다. 지문은 개인마다 모두 다르며, 일생동안 변하지 않는다. 겉모습과 유전자가 똑같은 일란성 쌍둥이도 지문만큼은 서로 다르다. 이는 지문이 태아의 발생 과정에서 '볼라패드(volar pad)'라는 이름의 판이 자랐다가 피부로 흡수되면서 무작위로 생성되기 때문이다.

　흔히 '손에 땀을 쥐게 한다'는 말을 한다. 몸 중에 땀이 나는 곳이 많은데 왜 굳이 손을 언급했을까? 보통 이 표현이 사용될 때는 더울 때보다는 긴장했을 때다. 우리 몸에 땀샘이 많지만, 손바닥과 발바닥은 땀샘이 가장 많이 분포한다. 게다가 긴장, 스트레스 등 정신적인 이유로 생기는 땀은 손바닥, 발바닥, 겨드랑이에서만 난다고 한다. 발바닥과 겨드랑이야 축축해져도 인지하기가 쉽지 않지만, 손바닥은 긴장하면 자연스럽게 손을 쥐게 돼 땀이 흥건하게 고이는 것을 눈으로 확인할 수 있으니 이로 인해 생긴 말이다.

사람을 사람답게 하는 것은 뇌의 역할이 가장 크겠지만, 손은 '제2의 뇌'라 불려도 손색이 없는 기관이다. 손에 적당한 마사지만 해도 몸의 피로를 푸는데 효과 만점이라고 하니 잠시 책을 놓고 손 운동을 해주자. 가장 중요한 역할을 하는 엄지손가락으로 꾹꾹 눌러가면서.

우리 몸에 숨겨진 비밀 04
사랑한다는 말은 왼편에서 속삭여라!

2007년 2월 미국 샘휴스턴주립대 심 터우충 박사는 사랑한다는 말을 할 때는 왼쪽 귀에 하는 것이 좋다는 연구 결과를 발표했다. 100명을 대상으로 감성을 자극하는 말을 녹음해 왼쪽 귀와 오른쪽 귀에 들려준 결과 왼쪽 귀로 들었을 때 더 정확히 기억했다는 것이다. 연구팀은 왼쪽 귀와 연결된 우뇌가 감정조절에 관여하기 때문이라고 설명했다.

들려준 말을 정확히 기억한 수는 왼쪽 귀 70명, 오른쪽 귀 58명이다. 12%의 차이일 뿐이지만 앞으로 꼭 연인의 왼편에 서야겠다는 생각이 든다. 하긴 12%면 대단하지 않은가. 단 1%의 확률에도 목숨을 거는 것이 사랑이니 말이다. 사실 사랑의 성공률을 높이는 데 도움을 주는 연구는 꽤 많이 이뤄지고 있다. 과학자들의 '따분한' 사랑 이야기도 알아두면 도움 될 때가 있을지 모른다.

:: 사랑은 호르몬이다

 미국 럿거스대 인류학자 헬렌 피셔 교수는 남녀 간의 사랑을 3단계로 나눴다. 이 이론은 남녀 간의 사랑을 호르몬과 신경전달물질의 작용으로 설명하려는 시도에 잘 맞는다. 피셔 교수는 남녀 간의 사랑은 갈망으로 시작해 홀림을 거쳐 애착으로 넘어간다고 주장했다. 각 단계에서 남녀는 서로 다른 화학물질의 영향을 받는다.

 사랑의 첫 단계인 갈망에서 주된 역할을 하는 것은 남성호르몬인 테스토스테론과 여성호르몬인 에스트로겐이다. 이들은 뇌와 생식기에서 분비되며 생식기능과 성적 욕구에 관여한다. 사랑에 빠진 12쌍의 테스토스테론을 6달 동안 조사한 결과 남성은 정상보다 테스토스테론 수치가 낮아졌고, 반대로 여성은 높아졌다. 즉 남성은 어느 정도 여성화하고 여성은 어느 정도 남성화해서 차이를 없애려는 것이다.

 두 번째 단계인 홀림은 머릿속이 온통 연인 생각으로 가득찬 시기다. 이때는 남녀 공히 페닐에틸아민, 엔돌핀, 노르에피네프린, 도파민이 왕성하게 분비된다. '사랑을 부르는 화학물질'로 알려진 페닐에틸아민은 열정적인 사랑의 감정을 자극하지만, 유효기간이 2~3개월 정도로 짧다. 엔돌핀은 안정적인 기분을, 노르에피네프린은 육체적인

쾌감을, 도파민은 만족감과 자신감을 주어 사랑을 유지시킨다.

세 번째 단계인 애착은 불처럼 뜨겁지는 않으나 더욱 끈끈한 관계를 맺는 시기다. 오래된 연인이나 결혼한 부부가 이에 해당한다. 이 시기에는 옥시토신과 바소프레신이 주로 관여한다. 포옹을 하거나 로맨틱한 영화를 보면 이들 호르몬의 분비가 왕성해진다. 출산과 수유에 관여하는 옥시토신은 모성애를 일으키는 호르몬으로 알려져 있다. 이성 간의 사랑이 깊어지면 모성애와 비슷해지는 것이 아닐까.

::사랑은 뇌 활동이다

남녀 간의 사랑에 호르몬이 관여하는 것은 맞지만 "우리 사랑은 호르몬 농도에 따라 변할 뿐이에요"라고 하기엔 기분이 썩 내키지 않는다. 사실 복잡한 사랑을 호르몬의 변화로만 설명한다는 것은 무리다. 사랑을 설명하는 다른 과학적인 방법은 없을까?

과학자들은 사랑할 때 뇌가 어떻게 변하는지를 함께 연구한다. 뇌 연구에는 주로 기능성자기공명장치(fMRI)를 사용한다. 뇌는 정신활동을 할 때 막대한 피를 필요로 하기 때문에 더 필요한 부위에 혈류가 증가하게 된다. fMRI를 이용하면 혈류가 증가하는 부위를 쉽게 찾아낼 수 있다. 이 방법으로 사랑에 빠지는 각각의 경우에 뇌에서 활성화되는 부위가 어디인지 알아내는 것이다.

과연 사랑할 때 활성화되는 뇌 부위는 어디일까? 피셔 교수는 최근 사랑에 빠졌다고 생각하는 지원자를 모집해 연인의 사진을 보여준 경우와 관계없는 사람의 사진을 보여준 경우를 비교했다. 연인의 사진을

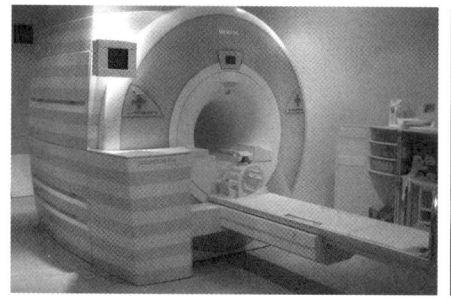 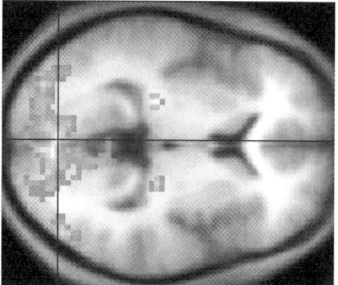

fMRI 장비 　　　　　　　　　　fMRI로 촬영한 뇌의 모습

보여줬을 때 깊은 미상핵, 뇌간의 일부가 활성화됐다. 이는 우리가 생존에 유리한 행동(배부름, 성 관계 등)을 했을 때 뇌가 도파민 등을 분비해 기분 좋게 하는 '보상'과 관련된 부위다. 활성화 정도는 사랑하는 사람을 생각하는 시간이 오래될수록 더 높게 나타났다.

한편 영국 런던대 안드레아스 바르텔스 교수팀은 사랑에 빠진 연인들의 뇌에서 비판적인 사고와 부정적인 감정을 일으키는 편도체 뒤쪽은 비활성화된다는 것을 알아냈다. 덕분에 사랑하는 사람의 외모나 행동에 결점이 있어도 관대해져서 잘 보지 못하게 된다. '사랑하면 눈에 콩깍지가 씐다'는 말이 증명된 셈이다.

:: 로맨틱한 사랑 vs 에로틱한 사랑

또 과학자들은 사랑의 종류에 따른 차이를 구별해내고 싶어 한다. 대표적인 것이 연인 간의 사랑과 모성애의 차이다. 연인 간의 사랑과 모성애는 똑같이 '보상'이 관련된 부위가 활성화되지만, 흥분을 조절하는 시상하부는 연인 간의 사랑에서만 활성화됐다. 사랑에 따라 활성화되는 부위가 달라진다는 뜻이다.

그러나 아쉽게도 '로맨틱한 사랑'과 '에로틱한 사랑'은 별다른 차이가 나타나지 않았다. 바르텔스 교수팀이 사랑에 빠진 지원자를 대상으로 조사한 결과 연인의 사진을 볼 때 뇌 반응과 에로영화를 볼 때 뇌 반응은 지원자들의 기대와는 달리 거의 비슷하게 나타났다. 연구결과 대로라면 남자는 모두 늑대, 여자는 모두 여우라는 뜻이 된다. 미묘한 사랑의 종류를 fMRI만으로 구별해 내기란 어려운 일이다.

과학으로 사랑을 설명하는 연구 결과를 볼 때마다 '뻔한 애기를 뭐 그리 어렵게 하냐'라는 생각이 들지 모른다. 그럼에도 불구하고 사랑에 대한 우리의 궁금증은 조금도 줄어들지 않는다. 혈액형이나 탄생석으로 사랑에 대한 실마리를 풀어 보려는 사람이 존재하는 한, 사랑은 영원한 과학의 주제가 될 것이다.

우리 몸에 숨겨진 비밀 05
우월한 '열성' 열등한 '우성'

푸른색 눈에 흰 피부를 가진 금발. 서양인들이 가장 좋아한다는 미인의 조건이다. 그런데 많은 인종이 함께 살고 있는 미국과 같은 나라에서는 '푸른색 눈에 흰 피부의 금발'을 찾아보기가 점점 힘들어지고 있다. 2006년 10월 미국 일간지 〈보스턴 글로브〉는 미국인 가운데 푸른색 눈을 가진 사람의 비율은 100년 전에 비해 3분의 1이나 줄었다고 했다. 왜 그렇게 됐을까? 푸른색 눈, 흰 피부, 금발 모두 '열성'이기 때문이다.

기억력이 좋은 사람이라면 중학교 생물시간에 배운 '멘델의 법칙'이 생각날 것이다. 멘델은

다른 형질의 완두콩을 교배했을 때 다음 세대에 나타나는 형질을 우성, 나타나지 않는 형질을 열성이라고 하는 우열의 법칙을 제시했다. 완두콩이 아닌 사람의 유전에는 우열의 법칙이 어떻게 나타날까? 사람의 유전을 통해 우열의 법칙에 대한 막연한 오해를 풀어보자.

:: 첫 번째 오해-우성은 열성보다 우월하다

우열의 법칙에 대한 첫 번째 오해는 '우성은 우월한 성질, 열성은 열등한 성질'이라는 막연한 생각이다. 그러나 우리의 생각과는 달리 이로운 열성도, 해로운 우성도 있다. 쌍꺼풀, 보조개 등은 갖고 싶은 우성이지만, 대머리와 육손은 갖고 싶지 않은 우성이다. 열성이라도 금발, 푸른색 눈 등은 갖고 싶은 열성이다.

사실 우열의 법칙은 단백질 생성과 관련이 있다. 분자생물학의 관점으로 볼 때 유전자는 어떤 단백질을 만드는지를 알려 주는 설계도와 같다. 만약 어떤 형질이 나타나기 위해 특정 단백질이 필요하다면 그 단백질을 만드는 유전자가 있는 것이 우성, 없는 것이 열성이 된다.

눈 색깔을 예로 들어보자. 눈 색깔은 홍채에 분포하는 멜라닌 색소

인간에 나타나는 우성과 열성의 예

우성	열성	우성	열성
흑발	금발	귓불 분리	귓불 부착
곱슬머리	생머리	습한 귀지	건조한 귀지
대머리	정상	보조개 있음	보조개 없음
이마선 곡선	이마선 직선	갈라진 턱 선	둥근 턱 선
갈색 눈	푸른색 눈	혀 말기 됨	혀 말기 안 됨
쌍꺼풀	외꺼풀	육손	정상
주근깨 있음	주근깨 없음	오른손잡이	왼손잡이

의 양에 따라 달라진다. 멜라닌 색소를 만드는데 관여하는 유전자는 3쌍이다. 이를 임의로 'AABBCC'라고 하면, 유전자 A는 a에, B는 b에, C는 c에 대해 우성이다. 우성 유전자가 많을수록 멜라닌 색소도 많이 만들어진다. 따라서 색소가 가장 많이 만들어지는 'AABBCC'는 짙은 갈색 눈이 되고, 색소가 가장 적게 만들어지는 'aabbcc'는 푸른색 눈이 된다. 열성 유전자가 하나 섞인 'AaBBCC'는 갈색, 두 개가 섞인 'AaBbCC'는 옅은 갈색, 세 개가 섞인 'AaBbCc'는 초록색 눈이 된다.

이처럼 우성과 열성은 유전자에 의해 단백질이 만들어지느냐 아니냐에 따라 달라지는 문제일 뿐, 개체의 유리함과 불리함을 말하는 것은 아니다.

:: 두 번째 오해 – 우성은 열성보다 자주 나타난다

우열의 법칙에 대한 두 번째 오해는 '우성이 열성보다 더 많이 나타날 것'이라는 생각이다. 물론 우성이 열성보다 나타날 확률이 높은 것은 사실이다. 그러나 확률을 무시하고 반대로 나타나는 경우도 있다. 모든 형질은 인간이 환경에 적응한 결과이기 때문이다.

가장 좋은 예는 사람의 피부색이다. 흰 피부는 열성이지만 극지방에 사는 사람의 피부는 대부분 희다. 이들의 피부가 흰 이유는 약한 햇빛을 조금이라도 많이 받기 위해서다. 겉 피부에 위치해 피부색을 결정하는 멜라닌 색소는 햇빛을 흡수하는 성질이 있다. 멜라닌 색소가 적으면 햇빛이 속 피부까지 도달할 수 있다. 반대로 열대지방에 사는 사람은 멜라닌 색소가 햇빛을 흡수해 속 피부까지 도달하는 햇빛의 양을 줄여준다.

아프리카에서 나타나는 '낫 모양 적혈구'도 열성이 환영받는 경우다. 적혈구 모양은 적혈구 단백질을 구성하는 아미노산 중에 단 하나가 바뀌면 낫 모양으로 변한다. 정상 모양의 적혈구가 우성, 낫 모양의 적혈구가 열성이다. 낫 모양의 적혈구가 있는 사람은 쉽게 빈혈에 걸리는 등 불리한 점이 많다.

그런데 놀랍게도 아프리카에서는 이 낫 모양 적혈구를 가진 사람이 많다. 과학자들은 처음에 왜 생존에 불리한 형질이 많은지 의아해했지만 곧 이유를 알게 됐다. 이 낫 모양 적혈구를 가진 사람은 아프리카의 치명적인 질병인 말라리아에 걸리지 않는다. 낫 모양 적혈구 역시 인간이 환경에 적응한 결과로 필요한 지역에서 많이 나타난다.

우열의 법칙이든 다른 유전 법칙이든 인간의 유전 메커니즘을 설명하는 일은 결코 단순하지 않다. 키, 몸무게, 피부색, 얼굴 모양, 머리카락 등의 다양한 형질을 결정하는 유전자는 여러 다른 유전자와 복잡한 관계를 맺기 때문이다. 인간의 몸에 대해 예전보다 훨씬 많은 사실이 밝혀졌지만, 알면 알수록 우리가 풀어야 할 문제는 더 복잡해지는 것 같다.

우리 몸에 숨겨진 비밀 06

우리 몸에 '기생충' 닮은 기관 있다?

다음 조건을 만족하는 인체 기관은 무엇일까? ①여성에게만 있다 ②생식과 관련 있다 ③표면에 주름이 많다 ④두 사람의 세포가 섞여 있다 ⑤원반 모양이며 중앙에 기다란 관이 있다.

혹시 야한 생각을 하지는 않았는가? 아이가 있는 분은 쉽게 맞췄을 것이다. 질문의 답은 태반이다. 태반은 자궁에 연결된 원반 모양의 기관으로 탯줄이 태아의 배꼽 부위와 연결돼 산모와 태아를 직접적으로 잇는다. 예전에는 출산과 함께 나오는 태반을 불결한 것으로 여겨 내다버렸지만 요즘은 여러 의료기관에서 앞 다퉈 모으고 있다. 태반이 감염성 폐기물에서 귀하신 몸으로 탈바꿈한 이유는 뭘까?

:: 기생충 흉내 내는 태반

태반의 기원은 수정란과 자궁 내벽이다. 수정란이 자궁 내벽에 파묻히면서부터 각각에 분화가 일어나기 시작한다. 태반에서 물질 전달을 담당하는 융모막, 탯줄은 수정란의 일부가 자라 만들어지고, 태반의 가장 바깥 부분을 둘러싸는 탈락막은 자궁의 일부가 변해 만들어진다. 즉 태반의 절반은 배아에서, 절반은 산모에서 왔다.

산모의 몸속에 있는 태반이 산모와 다른 배아의 세포로 돼 있다는 점은 오랫동안 과학자들에게 미스터리였다. 우리 몸은 자신과 다른 물질을 인식하면 즉시 공격하는 면역체계를 갖고 있다. 즉 면역체계가 배아의 세포를 죽여야 마땅한데 함께 공존하는 이유를 알 수 없었던 것이다.

2007년 11월 영국 리딩대 필 로우리 박사는 산모와 유전적 구성이 다른 태반이 산모의 면역체계에 의해 공격받지 않는 이유를 밝혔다. 로우리 박사는 "태반이 공격받지 않는 이유는 기생충처럼 면역체계를 속이기 때문"이라고 설명했다. 기생충 세포의 표면에는 포스포콜린이라는 분자가 있다. 이 분자는 사람의 면역체계를 속여 마치 기생충을 자신의 일부처럼 받아들이게 한다. 덕분에 기생충은 사람의 몸속을 돌아다니면서도 면역체계의 공격을 받지 않을 수 있다. 태반에서 합성되는 대부분의 단백질에는 포스포콜린 분자가 달려있다.

: : 과학자들이 태반에 주목하는 이유

태반이 면역체계를 피하는 원리를 더 정확히 알면 의학계의 오랜 난제인 장기이식 문제를 해결할 수 있을 것이다. 장기이식에서 가장 큰 문제는 체내의 면역체계가 기껏 이식한 장기를 타인으로 판단해 죽이는 데 있다. 자가면역질환도 비슷하다. 자가면역질환은 면역체계가 어떤 이유에서인지 자기 조직을 타인으로 인식해 공격하는 병이다. 류머

티즘관절염이 대표적이다.

또 태반에는 최근 주목받는 줄기세포가 잔뜩 들어 있다. 특히 탯줄과 태반 안의 혈액을 '제대혈'이라고 하는데 이 속에 태아의 줄기세포가 들어 있다. 태반의 탈락막에는 산모의 줄기세포가 있다. 줄기세포는 모든 세포로 분화가 가능한 세포로 손상된 조직에 넣어주면 치료 효과가 크다. 따라서 태반의 줄기세포를 보관해 두면 장차 산모와 아이가 질병에 걸렸을 때 유용하게 사용할 수 있다.

그 외에도 태반은 의약품 재료로 각광받고 있다. 태반 안에는 영양분과 호르몬은 물론이고, 각종 성장인자들이 들어 있다. 기원전 4세기 히포크라테스가 태반의 효능에 대해 언급한 바 있고, 허준의 동의보감에도 태반의 기능에 대한 설명이 있을 정도다. 임상실험 결과 태반은 피부 미용과 통증 치료에 효과가 있고, 고혈압, 당뇨병, 관절염 등에도 효과가 있다.

예전에는 민간 의학으로 치부됐지만 현재 공식적으로 갱년기 장애와 간질환 환자를 위한 태반 의약품이 허가돼 있다. 태반 추출물을 살균해서 가공한 제품이다. 그렇다고 태반의 효능을 맹신하는 것은 좋지 않다. 태반은 여러 물질이 섞여 있는 혼합물로 아직 각각의 성분이 어떤 기능을 하는지 정확히 밝혀지지 않은 상태다. 부작용이 있을 수 있고, 태반을 추출한 산모의 건강 상태에 따라 약효에도 차이가 나는 등 한계가 있다.

태아의 든든한 보호막, 태반

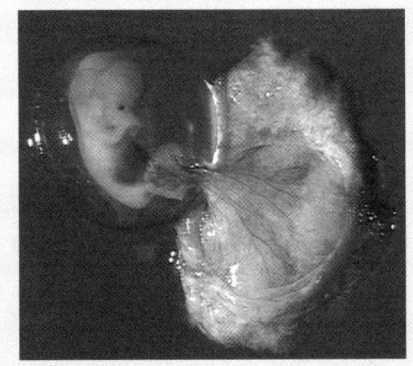

산모와 태아를 잇는 태반. 이곳을 통해 산모와 태아 사이의 물질 교환이 이뤄진다. 산모의 산소와 양분이 태아에게, 태아의 이산화탄소와 노폐물이 산모에게 전달된다.

이때 태반은 태아에게 이로운 물질은 통과시키고, 해로운 물질은 차단하는 필터 역할을 한다. 산모의 혈액 속 물질이 태아에게 전달되려면 태반의 조직액을 통과해야 한다. 덕분에 산모가 결핵 같은 세균성 질환에 걸려도 태아는 안전하다. 흥분 상태를 만드는 아드레날린은 태아에게 해로울 수 있는데 태반을 통과하면서 그 활성이 없어진다.

하지만 태반이 해로운 물질을 모두 차단하는 것은 아니다. 풍진, 수두를 일으키는 바이러스는 크기가 매우 작아 태반을 통과한다. 아이를 갖기 전에 이들 바이러스에 대한 항체를 검사해야 하는 이유다. 또 지용성으로 크기가 작은 분자들은 태반을 통과할 수 있다. 대표적인 예가 니코틴, 알코올이다. 만약 산모가 흡연·음주를 하면 니코틴과 알코올은 태반을 유유히 통과해 태아에게 그대로 전달된다.

태반의 역할은 물질 교환에 그치지 않는다. 영양분을 글리코겐 형태로 저장해 뒀다가 태아에게 공급하기 때문에 산모의 영양상태가 들쭉날쭉해도 태아는 안정적으로 영양분을 공급받을 수 있다. 산모에서 분비되는 신경전달물질도 태반을 통해 태아에게 전달된다. 덕분에 산모가 기분 좋으면 태아도 기분이 좋아진다. 신경전달물질은 임신 24~28주 사이에 태아의 뇌가 발달할 때 매우 중요한 역할을 한다.

불결한 것으로 여겨 버려졌던 태반이 이제 현대 의학이 해결하지 못하는 질병을 치료할 대안으로 떠오르고 있다. 태반의 신비가 밝혀져 난공불락으로 남아 있던 질병들이 차례차례 극복되기를 기대해 본다.

우리 몸에 숨겨진 비밀 07
양을 세면 잠 오는 이유

사람의 뇌에는 일종의 전기신호인 뇌파가 나온다. 뇌에 있는 수백억 개의 신경세포들은 주변의 다른 신경세포와 상호작용하며 정보를 전달하는데, 이때 전기가 발생하기 때문이다. 두피에 전극을 꽂고 전기 변화를 측정하면 전기의 변화가 파동처럼 표시되는데 이것이 뇌파다.

1924년 독일 정신과의사인 베르거가 자신의 아들을 대상으로 처음 인간의 뇌파를 기록한 뒤 뇌파 연구는 다양하게 발전해왔다. 뇌의 활동 정도에 따라 뇌파의 모양도 다르게 나타났다. 뇌가 활발하게 활동할수록 뇌파의 진동수는 높아지고, 편할수록 진동수는 낮아진다.

:: 깊은 잠일수록 진동수 낮다

30~50Hz로 가장 높은 진동수를 가진 감마파는 극도로 긴장한 상태이거나 매우 복잡한 정신 기능을 수행할 때 나타난다. 베타파는 깨어

있으면서 약간의 스트레스를 받으며 일상적인 사고를 할 때 나타나는 뇌파로 15~30Hz의 진동수를 가진다. 8~12Hz의 진동수를 가지는 알파파는 주로 명상을 할 때 나타나는 뇌파다. 의식과 잠재의식을 연결하는 다리와 같은 역할을 한다고 알려져 있다.

최근에는 베타파와 알파파 사이에 SMR파라는 새로운 형태의 파가 발견됐다. 이는 문제를 간단히 해결할 때 나타나는 뇌파다. 베타파만큼 긴장과 스트레스를 받지 않으면서도 일을 실수 없이 처리할 때 나타난다. 예를 들어 전혀 생소한 일을 처음 시작할 때는 감마파가 나타나지만, 조금 익숙해지면 베타파가 나타나고, 완전히 익숙해지면 SMR파로 바뀌는 것이다.

알파파보다 더 진동수가 낮은 뇌파는 수면과 관계가 있다. 4~8Hz의 세타파는 얕은 수면 상태에서 나타난다. 졸음이 쏟아지거나 잠이 막 들려고 할 때다. 또 세타파는 즐거운 때나 감정이 풍부하게 나타날 때에도 나타난다. 깊은 수면으로 들어가면 뇌파는 더욱 느려져 0.5~4Hz의 델타파가 나타난다. 뇌 부위 중에서 생명과 직접 관계된 연수, 중뇌에서 주로 발생한다. 델타파는 뇌파 중에서 진폭이 가장 크고 침투력이 강해 뇌 전체를 지배한다.

:: 뇌파로 치료하는 뉴로피드백

뇌파에 대해 이해한 과학자들은 이를 치료에 도입하기 시작했다. 대표적인 예가 뉴로피드백이다. 뉴로피드백이란 뇌파를 적절히 조절하도록 훈련하는 것이다. 예를 들어 어떤 상황에서 지나치게 흥분하거나 충동적인 사람의 경우 뇌파를 보면서 본인 스스로 정상적인 뇌파가 되도록 반복 훈련하는 것이다. 뇌파를 뇌의 컨디션을 보여주는 지표로 인식해 뇌파를 보면서 흥분을 가라앉히는 식으로 훈련하는 것이다.

이를 이용해 불면증 환자를 치료하기도 한다. 불면증 환자는 빠른 뇌파인 베타파의 비율이 높고, 느린 뇌파인 세타파의 비율이 낮다. 환자에게 자신의 뇌파를 보여주면서 스스로 세타파가 늘어나는 요령을 알려 주고 반복하게 하면 환자가 잠을 잘 수 있다. 그럼 세타파를 늘어나게 하는 요령이 뭘까? 바로 반복해서 특정 이미지를 떠올리는 것이다. 세타파를 늘리는 요령에 따르면 '잠이 오지 않을 때 양을 세라'는 옛말이 나름 적절했던 셈이다.

하지만 양의 숫자를 '하나, 둘, 셋……' 식으로 세며 숫자에 집중하는 것은 오히려 수면에 방해가 된다고 한다. 숫자가 아니라 양의 이미지에 집중해야 한다. 최근에는 잠자고 있는 사람의 뇌를 자극해 델타파의 비율을 높이는 방법으로 깊은 잠을 유도하는 연구결과가 나왔다.

뉴로피드백과는 반대로 뇌파를 명령 수단으로 이용하는 연구도 있다. 미국 이모티브사가 개발한 헤드셋 에폭(Epoc)은 뇌파를 인식해 게임 속 캐릭터를 움직인다. 에폭에는 16개의 센서가 달려 뇌에서 나오는 다양한 뇌파를 읽고 게임 속 명령으로 바꾼다. 헤드셋을 착용한 사용자가 손을 들면 게임 속 캐릭터도 손을 든다. 더구나 웃거나 화내면 게임 속 캐릭터도 웃고 화낸다. 현재 약 30가지의 감정을 읽어 표현할 수 있다고 한다.

네덜란드의 한 신경학자도 최근 뇌파로 즐기는 탁구 게임을 개발했다. 손이나 발과 같은 몸을 거의 쓰지 않고 생각만으로 즐길 수 있는 '감성 지능형' 게임의 세계를 연 셈이다.

이런 장비는 단순한 게임에 그치지 않는다. 사지를 움직일 수 없는 중증 장애인들에게 뇌파만으로 컴퓨터를 조작할 수 있다는 사실은 커다란 희망이다. 생각하기만 하면 마우스를 움직이거나 자판을 입력해 의사를 표현하고 감정을 나타낼 수 있기 때문이다. 만약 이것이 더 발달하면 생각을 그대로 저장하고 기록할 수 있어 우리의 생활도 훨씬 편해질 수 있을 것이다. 뇌파에 대해 많이 알면 알수록 그 혜택은 더 많은 사람에게 돌아가는 셈이다.

우리 몸에 숨겨진 비밀 08
겨드랑이 털은 왜 구불구불할까?

학창시절 나는 군인처럼 머리를 짧게 쳐야 했다. 전형적인 '직모(直毛)'였던 나는 '반 곱슬머리' 친구들이 늘 부러웠다. 내 머리는 어떻게 해도 '스타일'이 안 나오는데 이 친구들은 짧은 머리로도 꽤 멋진 연출이 가능했다.

지금도 반 곱슬머리가 부러워 가끔 파마를 한다. 순수혈통(?)의 직모는 파마할 때도 고생이다. 다른 사람의 두 배나 시간이 걸린다. 하지만 편리한 점도 있다. 밤에 머리를 감고 바로 잠들어서 아침에 뒷머리가 붕 들려도, 물 대충 묻히고 나가면 곧 얌전히 가라앉는다.

그런데 재미있게도 내 몸에 난 털들은 구불구불하다. 머리에 나는 털과 몸에 나는 털은 다르다는 말인가? 지금부터 털에 대한 은밀한 궁금증들을 하나씩 벗겨보자.

:: 직모는 원, 곱슬머리는 타원

곱슬머리의 머리카락은 왜 휘어져 있을까? 신기하게도 곱슬머리와 직모를 나누는 요인은 머리카락의 단면 모양이다. 직모는 단면이 거의 완전한 원이지만 곱슬머리는 타원형이다. 직모는 단면이 원이라 어느 한 방향으로 휘어지기 힘들지만 타원은 지름이 작은 쪽으로 휘어지기 쉽다. 주변에 직모와 곱슬머리가 있다면 머리카락을 뽑아 비교해 보기 바란다.

곱슬거리는 정도는 타원 모양이 얼마나 더 납작한지에 따라 달라진다. 납작할수록 더 곱슬거리게 된다. 반 곱슬머리가 비교적 원에 가까운 타원이라면, 완전 곱슬머리는 납작한 타원이다. 극단적인 곱슬머리를 가진 사람의 머리카락은 아주 납작하거나 리본 모양이다. 이런 머리카락 단면 모양은 유전적으로 결정된다.

유전이 아니라 후천적으로 곱슬거리게 되는 경우도 있다. 몸에 난 털은 마찰 때문에 곱슬거린다. 예를 들어 겨드랑이 털은 팔이 움직일 때마다 마찰되기 때문에 조금씩 휘어진다. 이것이 계속 누적되면서 털의 모양이 구부러지게 된다. 다른 몸의 털들도 움직일 때마다 옷과 마찰을 일으키면서 모양이 구부러진다.

:: 눈썹이 머리카락보다 짧은 이유

털의 길이는 어떨까? 영화에서 보는 신선은 길게 자란 눈썹을 갖고 있다. 연출자는 신선이 오래 살았으니 눈썹도 길 것이라고 생각했는지 모른다. 하지만 아무리 오래 살아도 눈썹이 수염처럼 길게 자라기는 힘들다. 털의 종류에 따라 자라는 길이가 이미 정해져 있기 때문이다.

털이 자라는 곳은 피부에 있는 모낭이다. 모낭 안에 있는 케라티노사이트라는 세포가 케라틴이라는 단백질을 왕성하게 만들어낸다. 이 케라틴이 털의 주성분이다. 처음에는 케라틴이 왕성하게 만들어지지만, 어느 정도 시간이 지나면 케라틴 생성이 줄어들다가 결국 멈춘다. 털이 다 자란 것이다. 이때부터 털은 서서히 모근과 분리돼 빠지게 된다.

그런데 모낭에 따라 털이 자라는 생장기, 털이 성장을 멈춘 퇴행기의 길이가 각각 다르다. 머리카락은 생장기가 2~6년으로 길고, 퇴행기가 2~6개월로 짧다. 반면 눈썹은 생장기가 수개월 정도로 짧고, 퇴행기가 1~2년으로 길다. 따라서 눈썹은 오랫동안 짧은 길이를 유지했다가 빠진다.

털의 성장주기는 성별에 따라 달라지기도 한다. 일반적으로 여자가 남자보다 머리가 길다. 이는 남자 머리카락은 생장기가 4년, 여자는 6년으로 2년 더 길기 때문이다. 간혹 모낭의 생장기 조절이 안 되면 긴 털이 난다. 사마귀에 난 털이 다른 털보다 긴 이유다.

:: 하룻밤 사이 머리가 하얗게 센다?

다음에는 머리의 색에 대해 알아보자. 한자를 공부할 때 가장 먼저 배우는 천자문(千字文)은 다른 말로 '백수문(白首文)'이라고 부른다. 천자문을 지은 중국 후량의 주흥사가 하룻밤 새 완성하느라 머리가 하얗게 세었다고 하여 생긴 말이다. 과연 이런 일이 가능할까?

털의 색은 모낭 안에 있는 멜라닌세포가 만드는 색소의 함량에 따라 달라진다. 멜라닌세포가 만드는 색소는 보통 흑갈색이다. 멜라닌 함량에 따라 검은색, 갈색, 금색으로 털의 색이 달라진다. 붉은 머리는 좀 다르다. 멜라닌색소 중에는 적황색을 띠는 것이 있는  데 이 색소의 함량에 따라 붉은 정도가 달라진다.

나이가 들면 멜라닌세포의 활동성이 떨어져 색소를 만들지 못하기 때문에 머리가 하얗게 변한다. 그러나 이 과정은 모낭부터 서서히 일어나기 때문에 하룻밤 새 머리가 하얗게 셀 수는 없다. 주흥사가 흰색 염색약을 쓰지 않았다면 천자문은 하룻밤 새 만들어진 것이 아닐 가능성이 높다.

:: 야한 생각하면 털이 빨리 자랄까?

털이 많아지게 한다는 다양한 속설이 있다. '야한 생각을 많이 하면 털이 빨리 자란다', '털을 면도기로 밀면 숱이 많아진다', '머리를 짧게 묶으면 빨리 자란다' 등이다. 하지만 이는 모두 과학적으로 근거가 희박하다.

야한 생각을 많이 하면 털이 빨리 자란다는 속설은 성호르몬이 왕성하게 분비되는 사춘기 때 음모가 처음으로 나기 때문에 생긴 것으로 보인다. 실제로 임신을 하면 호르몬의 작용으로 털이 빨리 자라기도 한다. 야한 생각이 성호르몬 분비를 촉진하기는 하지만 털이 빨리 자라게 할 정도는 아니다.

털을 면도기로 밀면 숱이 많아진다는 속설도 잘린 털끝이 두꺼워 생긴 일종의 착시현상이다. 잠시 숱이 많은 것처럼 보일지 모르나 모낭의 숫자가 많아진 것이 아니기 때문에 숱은 그대로다.

오히려 과학적으로 입증된 방법은 청결과 마사지다. 모낭을 깨끗이 하고, 마사지를 통해 혈액 순환을 좋게 하면 모낭 속 케라티노사이트의 작용이 활발해진다. 모낭은 태어날 때 있던 수에서 더 늘어나지 않는다. 모낭을 잘 관리하는 것이 건강하고 아름다운 털을 만나는 비결이다.

도시락 둘

생활 속의 과학

생활 속의 과학 01

'언 발에 오줌 누기' 속담 속에 숨은 과학

지구온난화로 평균 기온이 올라가도 겨울은 여전히 춥다. 요즘에는 이중창이 있지만 예전에 겨울 채비를 할 때는 두꺼운 테이프로 창문과 창틀 사이를 막았다. 이때 조금이라도 틈이 있으면 안 된다. 그 틈을 비집고 매서운 겨울바람이 불어오기 때문이다.

이와 연관해 '바늘구멍 황소바람'이라는 속담이 있다. 추운 겨울에는 작은 구멍에서 새 나오는 바람도 황소처럼 매섭다는 뜻으로, 구멍 난 문풍지를 제대로 막을 형편도 안 돼 추운 겨울을 나기 힘들었던 서민의 고충이 숨어 있다. 하지만 속담의 속뜻과는 별개로 실제 바늘구멍으로 부는 바람은 속담처럼 활짝 열린 창으로 부는 바람보다 훨씬 거세다. 왜 그럴까?

:: 제비 낮게 날면 비 온다

1738년 발표된 베르누이의 정리에 따르면 유체는 좁은 통로를 지날 때 속력이 증가한다. 이것은 넓은 통로를 지나던 공기 분자가 좁은 통로로 들어서면서 부딪히는 횟수가 늘어나기 때문에 속력이 증가하는 것이다. 속력은 유체가 지나는 통로의 넓이에 반비례하니, 활짝 열린 창에 부는 바람보다 바늘구멍 바람이 빠른 것이 당연하다.

오늘날 베르누이의 정리는 분무기에서부터 유압프레스, 그리고 비행기 날개까지 광범위하게 쓰이니, 바늘구멍으로 황소바람이 부는 이유를 곰곰이 생각한 조상이 있었다면 우리나라가 훨씬 일찍 과학강국이 됐을지도 모른다. 속담은 여러 사람들의 경험이 누적돼 생긴 것이기 때문에 이를 잘 들여다보면 과학적 원리를 발견할 수 있다.

과학적 원리가 숨은 속담 중에는 특히 기후와 연관된 것이 많은데 농사를 주업으로 하던 우리 조상의 관심이 날씨에 집중됐기 때문일 것이다. 이 중 '마구간 냄새가 고약하면 비가 온다'는 속담은 저기압일 때 비가 온다는 원리가 담긴 속담이다. 저기압이면 위에서 누르는 공기의 압력이 작아져 냄새 분자가 공기 중에 쉽게 퍼진다. 마구간 냄새가 심하게 날수록 저기압이라는 뜻이니 비 올 확률은 자연히 높아진다.

'제비가 낮게 날면 비 온

다'는 속담에는 습도가 높을 때 비가 온다는 원리가 담겼다. 습도가 높으면 벌레들은 비를 피하기 위해 나뭇잎 등을 찾아 이동하기 때문에 벌레를 잡아먹는 제비는 낮게 날아야 한다. 벌레야 눈에 잘 보이지 않으나 제비는 쉽게 눈에 띄기에 이런 속담이 생긴 것이다.

∷ 적게 쓰면 약, 많이 쓰면 독

기후 다음으로는 건강·의학에 관련된 속담이 많다. 예나 지금이나 건강은 변치 않는 사람들의 관심인 것 같다. 이중 '간에 기별도 안 간다'는 속담은 우리 조상들이 간이 소화기관이라는 사실을 잘 알고 있었다는 걸 보여준다. 실제로 간은 쓸개즙을 분비해 지방의 소화를 돕고, 소장에서 흡수한 모든 영양분을 해독·가공해 심장으로 전달한다.

또 건강·의학 관련 속담 중에 '적게 쓰면 약, 많이 쓰면 독'이라는 말은 사실 대부분의 음식과 약에 적용되지만 현대과학에는 이 속담에 꼭 맞는 재미있는 사례가 많다. 대표적인 것이 '보톡스'다. 보툴리누스균이 만드는 독소는 매우 강력해 신경과 근육을 마비시키지만 과학자들은 이 독소를 수십만 배 희석시켜 약품으로 만들었다.

보톡스는 처음에 안면 근육을 국소적으로 마비시켜 사시(斜視)를 치료하는 데 쓰였고, 안면 경련, 목이 한쪽으로 기울어져 굳는 증상 등 신경이상으로 인한 경련치료에 쓰였다. 그러나 최근에는 잔주름 제거에 특히 효과가 좋다는 것이 알려져 미용을 목적으로 쓰인다. 그야말로 '많이 쓰면 독이지만, 적게 쓰면 약'인 것이다.

:: 언 발에 오줌 누기

 속담 중에는 물리·화학의 원리를 설명해 주는 것도 있다. 잘 알려진 이야기지만 '낮말은 새가 듣고, 밤말은 쥐가 듣는다'는 속담은 파동의 굴절에 대한 원리를 담고 있다. 음파는 공기를 통과할 때 온도에 따라 다른 속도를 가진다. 즉 온도가 낮을수록 공기 입자들의 속도가 낮아 음파의 전달속도가 늦고, 반대로 온도가 높을수록 공기 입자들의 속도가 높아 음파의 전달속도는 빨라진다.

 낮에는 태양열을 받아 지표면 근처의 공기는 뜨거워지고 상공의 공기는 상대적으로 차갑다. 따라서 낮에 소리를 지르면 음파가 상공 쪽으로 휘어 새가 듣기 좋게 되는 것이다. 밤에는 반대로 지표면이 온도가 낮고, 상공이 상대적으로 따뜻해 음파가 지면 쪽으로 휘어 쥐가 듣기 좋게 된다.

 또 '언 발에 오줌 누기'라는 속담은 물질의 열전달에 대한 원리를 담고 있다. 발이 얼었을 때 따뜻하게 하기 위해 오줌을 누면 잠시 따뜻하겠지만, 이내 오줌이 얼어붙어 오줌 누기 전보다 훨씬 더 춥게 된다. 즉 미봉책일 뿐 근본적인 대책은 아니라는 것이다. 왜 맨발보다 오줌 묻은 발이 더 추울까?

 이것은 액체가 기체보다 열전달을 더 빨리하기 때문이다. 공기가 아무리 차가워도 기체는 발에 냉기를 전달하는 속도가 늦다. 반면 액체는 기체보다 수백 배 빠르게 냉기를 전달한다. 이 때문에 잠시 따뜻했던 발은 이내 온기를 잃고 오히려 차가운 냉기가 엄습하게 된다. 젖은 발로 다니면 쉽게 동상에 걸리는 이유다.

우리는 종종 과학을 절대 진리로 여기며 자연현상을 이미 알고 있는 과학 원리에 끼워 맞추려는 잘못을 범하기도 한다. 하지만 속담 속에 담긴 과학을 잘 들여다보면 과학은 단지 자연 현상을 잘 관찰해서 설명해 놓은 것뿐이라는 사실을 알 수 있다. 오랜 경험의 속담, 풍습, 문화 속에는 우리가 미처 알지 못하지만 과학보다 더 과학적인 자연의 법칙이 숨어 있지 않을까.

생활 속의 과학 02
과속 단속카메라 어디어디 숨었나?

오늘은 오나전 씨가 오랜만에 데이트 약속을 잡은 날이다. 나소중 씨와 시외로 나가 드라이브도 하고, 근사한 저녁도 먹을 생각이다. 소중 씨가 운전대를 잡았다. 소중 씨는 장롱 면허 신세에서 벗어난 지 막 한 달 째. 오늘 처음으로 고속도로에 도전한다. "내가 꼭 운전하겠다"고 우기는 바람에 맡기긴 했지만 나전 씨는 좀 불안하다.

"소중 씨, 괜찮아요?"

"그럼요. 저 이래 봬도 한 달 동안 시내 주행을 통해 갈고 닦았는걸요. 믿고 맡겨 보세요."

"좋습니다. 그럼 덕분에 오늘은 편하게 데이트해 볼까요."

옆자리에서 보니 소중 씨 운전할 때 의외로 터프한 구석이 있다. 나름대로 속도광이라고 했다. 액셀러레이터를 밟을 때 '붕~' 하고 앞으로 나가는 느낌이 짜릿하다고 했던가. 그래봐야 시속 100km까지 내본 것이 최고라고 하지만, 고속도로에 들어서니 곳곳에 과속 단속카메라가 눈에 띈다.

:: 단속카메라 센서는 바닥에

"소중 씨, 저 앞에 과속 단속카메라 보이죠?"

"네." (엄청 긴장하고 있다.)

"혹시 단속카메라가 어떻게 자동차 속도를 측정하는지 알아요?"

"그럼요. 야구경기에서 투수들이 공 던질 때도 속력이 나오잖아요. 그거랑 똑같은 원리로 하는 거 아니에요?"

"역시. 모르는 사람이 많더라고요. 이건 좀 달라요."

말하는 순간 과속 단속카메라가 있는 지점을 통과했다. 물론 소중 씨는 시속 100km 이하로 '안전 운행' 중이라 과속 단속카메라에 걸릴 염려는 없다.

"정말요? 전 같은 건 줄 알았는데."

"과속 단속카메라에서 센서는 공중에 달려 있는 카메라가 아니라 바닥에 있어요."

"바닥이요? 바닥에 무슨 센서가 있어요?"

"다음 과속 단속카메라가 있는 지점에서 한번 도로를 잘 봐요. 바닥에 네모 모양으로 그어진 금이 10~20m 간격으로 연속으로 두 개 있을 거예요. 아, 저기 앞에 있다. 잘 봐요."

"어, 정말이네. 모든 차선에 네모 금이 두 개씩 있네요."

"그렇죠? 네모 금 아래쪽에는 전선이 깔려 있어요. 차가 지날 때 전선에 흐르는 자기장이 변하기 때문에 이를 통해 감지하는 거죠. 첫 번째 금을 밟고 난 뒤 두 번째 금을 밟을 때까지 시간을 측정하는 거예요. 두 금 사이의 간격이 10m일 때 시속 100km로 달리면 0.36초가 걸리죠. 만약 그보다 시간이 적다는 뜻은······."

"시속 100km보다 빨리 달렸다는 뜻이네요."

"그래요. 시속 100km가 넘으면 전방의 카메라가 사진을 찍죠. 하지만 기기의 오차를 고려해서 최대시속 100km 구간이라면 110km까지는 단속하지 않는다고 해요."

:: 레이더 사용하는 새로운 카메라

"오호라, 그럼 앞으로 저 두 개의 금 사이를 지날 때만 속도를 살짝 줄이면?"

"시속 100km가 소중 씨가 낼 수 있는 최고 속력이면서 욕심 부리시긴. 제한속도를 지키며 가도 시간 차이는 별로 나지 않아요. 게다가 새로운 방식의 과속 단속카메라가 등장했다고요."

"새로운 방식이요?"

"'레이더 방식 차량검지장치'라고 하는 건데요. 60GHz의 레이더를 사용해서 차량에서 반사되는 신호를 수신하죠. 차량의 속도, 차의 종류, 교통량 등을 한꺼번에 측정한다고 해요. 게다가 바닥에 센서를 넣는 방식이 90~95%의 정확도인데 반해 이 방식은 98%의 정확도를 자랑한다고 하네요."

"와, 대단하네요. 그래도 카메라를 보고 피하는 사람이 있을 거 아니에요?"

"도로 한쪽에 달려 있으면 최대 8차선까지 한 대의 기기로 감시하는 것이 가능하대요. 사실 운전하면서 도로 한쪽 귀퉁이에 높이 달려 있는 카메라를 알아채기란 쉽지 않죠. 경찰청과 지방자치단체의 의무 구매 대상으로 지정돼 있다고 하니, 곧 여러 곳에서 볼 수 있겠죠."

"정말, 고속도로에는 카메라가 엄청 많아요. 이게 다 과속 단속카메라는 아니죠?"

"그럼요. 교통 정보를 파악하기 위한 카메라, 버스 전용 차선제를 위반하는 차를 단속하는 카메라, 과적차량을 단속하는 카메라가 있죠. 게다가 운전자에게 경각심을 불러일으키기 위해 달려 있는 카메라도 있어요."

"이렇게 많으니 카메라만 보고서는 피할 수 없겠네요."

:: **캥거루식 과속 막는 구간단속**

"이뿐만이 아니에요. 구간단속이라고 들어봤어요?"

"들어본 적이 있는 것도 같고……."

"구간단속은 그 지점의 순간 속도를 측정하는 것이 아니라 특정 구간의 평균 속도를 측정해서 제한속도보다 빠르게 달린 자동차를 찾아내는 거예요. 단속카메라 바로 앞에서 속도를 줄였다가 다시 속도를 올리는 이른바 '캥거루식 과속'을 막겠다는 취지로 도입된 거예요."

"어떻게 평균 속도를 알아요? 구간이 길면 통과하는 차의 수가 엄청 많을 텐데."

"바닥에 센서를 넣는 방식과 원리는 같아요. 구간의 시작 지점과 끝 지점을 지나는 시간이 제한속도로 달렸을 때보다 빠르면 과속한 거죠. 이때 차량을 파악하는 기술이 중요한데 구간의 시작 지점과 끝 지점에 카메라를 달아서 번호판 등을 찍어서 파악해요. 인식 기술이 필수이기 때문에 우리나라를 포함해 세계에서 4개 나라에서만 쓰고 있어요."

"호오…… 그거 어디서 볼 수 있어요?"

"2007년 12월 영동고속도로 서울에서 강릉으로 가는 길에 둔내터널 부근 7.4km 구간에 처음으로 시행됐고요, 2008년 1월 서해안고속도로 서해대교와 중앙고속도로 죽령터널에도 설치됐어요. 구간 단속하는 장소는 계속 확대될 예정이에요."

"이거 과속운전하기 점점 더 힘들어지네요. 좀 아쉬워지는데요?"

"그럼요. GPS수신장치가 달린 차량항법장치에 의지해 과속 단속 구간만 피하는 사람이 있는데 차량항법장치를 100% 신뢰하는 건 금물이에요. 차량항법장치는 과속 단속카메라가 있는 지점을 미리 데이터베이스에 입력해 뒀다가 운전자에게 알려 주는 건데, 단속 지점이 옮겨지면 차량항법장치는 잘못된 정보를 주게 되죠. 처음 운전할 때부터 교통법규 잘 지키는 운전습관을 들이세요."

"나전 씨가 보기에 제가

운전하는 건 어때 보여요?"

"아주~ 좋아요. 사실 처음엔 좀 긴장했지만 이제 등을 의자에 기대도 되겠는데요. 앞으로 데이트할 때 운전은 소중 씨가 하는 걸로 할까요?"

"에헴, 좋죠. 맡겨두시라!"

생활 속의 과학 03
환경호르몬 걱정 없이 플라스틱 쓰기

모 방송국이 환경호르몬을 주제로 다큐멘터리를 방영한 뒤 플라스틱 용기의 매출이 급감하고, 유리와 도자기 용기의 매출이 급성장했다. 방송에서 내보낸 실험은 과학적으로 허점이 많았지만 일반인들의 뇌리에 환경호르몬이라는 단어를 분명히 각인시키는 데 성공했다.

환경호르몬의 위험을 널리 알렸다는 사실은 분명 긍정적이다. 하지만 무리한 주장으로 환경호르몬에 대해 많은 오해를 퍼뜨렸다. 일반인들에게 퍼진 대표적인 오해 중 하나는 바로 '환경호르몬=플라스틱'이라는 생각이다. 즉 플라스틱으로 만든 제품은 무조건 해로우니 가능하면 쓰지 말자는 주장이다. 과연 그럴까?

:: 환경에 방출된 화학물질

환경호르몬의 정식 명칭은 내분비계 교란물질(Endocrine Disruptors)이다. 즉 몸에 들어가 정상적인 호르몬 분비를 방해하는 화학물질을 말한다. 일본 NHK 방송에 출연한 과학자들이 '환경에 방출된 화학물질이 호르몬처럼 작용한다'는 의미로 환경호르몬이라는 단어를 처음 썼는데 이 말이 널리 퍼지게 됐다.

플라스틱이 환경호르몬의 대명사처럼 인식되고 있지만 사실 먼저 문제가 됐던 것은 농약과 살충제였다. 예전 농약과 살충제에는 다이옥신이라는 환경호르몬이 들어 있었다. 다이옥신은 우리 몸의 성호르몬인 에스트로겐 분비계에 작용해 독성을 나타낸다. 암 유발, 피부질환, 면역력 감소 등의 문제를 일으키며 기형아 출산 확률을 높이는 것으로 알려져 있다.

환경호르몬이란 다이옥신처럼 우리 몸에서 호르몬처럼 작용하면서 독성을 나타내는 화학물질을 말한다. 현재 세제, 화장품, 향수, 살충제, 컴퓨터 부품 등 다양한 제품에서 환경호르몬이 검출되고 있다. 따라서 어떤 화학물질이 환경호르몬으로 분류되고 있는지 정확히 알아야 오해를 줄일 수 있다.

:: 부드러운 플라스틱을 조심하라

폴리염화비닐(PVC)은 국제환경단체 그린피스가 '환경호르몬 위험 물질' 리스트에서 제일 먼저 언급한 물질이다. 값이 싸고, 원하는 모양을 쉽게 만들 수 있고, 재활용도 쉬워 가장 널리 쓰이는 플라스틱 중 하나다. 파이프 같은 건축자재는 물론, 저장용기, 필름, 장난감 같은 생활용품과 주사기 같은 의료용품으로도 널리 쓰인다. 이렇게 널리 쓰이는 플라스틱이 환경호르몬을 배출하는 장본인이었다는 사실은 충격적이다.

하지만 PVC 자체는 인체에 해롭지 않다. 순수한 PVC는 매우 단단한 물질로, 건축자재로 쓸 때는 이런 성질이 좋지만 저장용기, 필름, 장난감을 만들 때는 좋지 않다. 따라서 플라스틱을 부드럽게 만들어 주기 위해 PVC에 가소제(可塑劑)를 섞는다. 가소제는 PVC 분자 사이로 들어가 분자의 결합을 유연하게 바꿔 주는 물질이다.

바로 이 가소제에 환경호르몬이 섞여 있다. PVC에 섞인 가소제는 서서히 배출되는데 온도가 높아지면 배출되는 속도가 빨라진다. 플라스틱 용기에 뜨거운 음식을 넣거나 전자레인지에 돌리면 안 된다는 말이 나온 이유다. 식용유 등의 기름 성분을 담아 두는 것도 좋지 않다. 가소제가 녹아 나올 수 있기 때문이다.

따라서 식품 용기나 식품을 싸는 랩, 주방용 일회용 장갑, 어린이들이 빨아 먹기도 하는 장난감, 주사기 같은 의료기기에 가소제가 섞인 플라스틱을 써서는 안 된다. 해외 여러 나라에는 가소제가 든 플라스틱의 사용을 엄격히 제한하는 법이 있지만, 아직 우리나라에는 관련법이 없다. 소비자가 미리 알고 주의해야만 하는 상황이다. 일단 부드러운 플라스틱이 단단한 플라스틱보다 더 위험하니 조심하자.

:: 안전한 플라스틱 고르기

하지만 제품의 특성 상 반드시 부드러워야만 하는 경우가 있다. 젖병, 음식 포장용 랩, 장난감 같은 아동용품이 대표적이다. 이때는 어떻게 해야 할까? 다행스럽게도 부드러운 플라스틱 중에 가소제가 섞이지

다양한 플라스틱 제품이 만들어지고 있다.
사진은 무해한 것으로 알려진 PET (사진 제공=효성)

않은 안전한 것이 있다. 폴리에틸렌(PE)이나 폴리플로필렌(PP)은 원래부터 부드러운 성질을 갖고 있다. 당연히 가소제를 섞을 필요가 없어 몸에 해롭지 않다. 대신 가격은 PVC에 비해 비싸다.

　물이나 음료를 담는데 많이 쓰는 페트(PET)도 안전하다. 페트에는 환경호르몬을 분비하지 않는 산화타이타늄이 가소제로 쓰이기 때문이다. 부드러운 재질의 플라스틱이 필요하다면 PE, PP, PET 중에서 고르는 것이 좋다.

　의심나는 물건이 있다면 재질을 살펴보자. 보통 안전 표시를 달고 나오는 유아용 장난감은 PE나 PP 재질이다. 어린이용 장난감 중에는 ABS수지 제품이 많다. PP나 PE 만큼은 아니지만 인체에 무해한 것으로 알려져 있는 플라스틱이다.

　말 많았던 플라스틱 식품용기는 어떨까? PP 제품은 일단 안전하다고 봐도 무방하다. 하지만 폴리카보네이트(PC) 제품은 성분 중에 비스페놀A가 있으므로 사용하지 않는 편이 좋다. PC는 유리처럼 투명하면서도 유리보다 250배나 강해 널리 쓰인다. 비스페놀A의 위험성에 대해서는 아직 논란이 있지만, 안전하다는 연구결과는 대부분 플라스틱 용기 회사에서 내놓은 결과라 신뢰하기 힘들다.

시장에서 주는 검은색 일회용 비닐봉지는 대부분 PVC다. 여기에 식품을 잠시 담아 오는 건 무방하지만 이 상태로 오래 저장하면 좋지 않다. 이런 식으로 주변 물건 중에 해로운 것이 없는지 찾아 하나씩 바꿔나가면 된다. 우리 생활 깊숙이 들어온 플라스틱 제품을 안 쓸 수는 없는 일. 위험한 것을 하나씩 찾아 줄여도 환경호르몬의 위협으로부터 벗어날 수 있다.

생활 속의 과학 04
병 주고 약 주는 무아레 현상

햇빛이 비칠 때 모기장이 겹쳐 있는 부위에 생긴 물결무늬를 본 적이 있을 것이다. 가까운 모기장을 상하좌우로 움직이거나 각도를 바꾸면 물결무늬도 움직인다. 모기장뿐만 아니라 일정한 간격을 갖는 무늬가 반복해 겹쳐지면 어디서든 이런 무늬가 생길 수 있다. 이를 무아레(Moire) 현상이라고 부르고, 이때 생기는 무늬를 무아레 무늬라고 부른다.

:: 병 주는 무아레

재미있고 신기하지만 디지털카메라, TV, 모니터 같은 영상 기기에서 무아레 무늬는 골치다. TV 화면에 가는 줄무늬가 있으면 그 주위로 무아레 무늬가 생기기 때문이다. TV나 모니터 같은 영상 기기는 색깔을 나타내기 위해 빨강, 초록, 파랑의 화소가 있다. 이 화소의 위치는 조금씩 다르기 때문에 이들이 만드는 상이 약간씩 어긋나게 된다. 이상이 겹쳐지면 무아레 무늬가 나타날 수 있다. 그래서 무아레 현상에 대해 아는 TV 출연자는 줄무늬 옷을 잘 입지 않는다. 최신 디지털 카메라는 특수 필터를 달아 무아레 현상을 막는다.

출판물에서도 무아레 무늬는 예상치 못한 결과물을 만들 수 있다. 컬러 인쇄를 할 때 색을 직접 섞어서 인쇄하지 않고 사이안(Cyan), 마젠타(Magenta), 노랑(Yellow), 검정(Black) 4가지 색의 작은 망점을 찍어서 마치 색이 섞인 것처럼 표현한다. 이들은 각각 4개의 필름(C, M, Y, K)으로 인쇄한다. 이때 겹치는 각 망점에 의해 무아레 무늬가 나타날 수 있다. 실제 인쇄할 때는 각 필름의 망점 각도를 다르게 출력해서 무아레 무늬가 생기지 않도록 한다.

:: 무아레는 일종의 간섭 현상

영상 기기 제작자들에게 골치 아픈 무아레 현상은 왜 일어날까? 이는 빛이 파동의 성질을 갖고 있기 때문에 나타난다. 먼저 무아레 현상을 이해하려면 '맥놀이 현상'에 대해 알아야 한다.

맥놀이 현상이란 진동수가 비슷한 두 개의 파동이 서로 영향을 미쳐 진동수의 폭이 일정한 주기로 변하는 현상이다. 큰 범종을 치면 처음에는 "데엥~"하고 큰 소리가 나지만 시간이 지날수록 소리가 커지고 작아지기를 반복한다. 범종은 두꺼워서 종을 칠 때 2개 이상의 진동수를 가진 소리가 만들어지는데, 이 소리들이 서로 간섭하게 된다. 위상이 같을 때는 소리가 더 커지고, 위상이 반대일 때는 소리가 줄어든다. 이는 진동수가 비슷하지만 일치하지 않을 때 나타나는 현상이다.

무아레는 맥놀이 현상이 소리가 아니라 빛에서 나타나는 것이다. 빛은 파동의 성질을 갖고 있어 소리와 똑같이 서로 간섭 현상이 일어난다. 비슷한 파장의 빛이 겹치면 위상이 같은 방향일 때는 더 커지고, 위상이 반대 방향일 때는 줄어든다. 물결무늬가 생기기도 하고, 또 무지갯빛이 나타나기도 한다.

재미있는 사실은 반복 패턴이 아주 짧으면 단 1개의 무늬로도 무아레 무늬가 나타나기도 한다는 점이다. 이는 우리 눈의 잔상 때문이다. 우리가 한 곳을 응시해도 정확히 한 점을 계속 볼 수는 없고 매 순간 보는 방향과 위치가 아주 조금씩 달라진다. 먼저 봤던 상이 완전히 사라지지 않고 남아 있기 때문에 먼저 본 상(잔상)과 지금 보고 있는 상이 겹치면서 무아레 무늬를 보게 되는 것이다.

:: 약 주는 무아레

그렇다고 무아레가 나쁜 역할만 하는 것은 아니다. 무아레 무늬는 여러 측정에 매우 유용하게 사용된다. 가로 줄무늬 선을 만들어 물체에 쪼이면 물체의 굴곡에 따라 무아레 무늬가 나타난다. 이때 생기는 무아레 무늬는 마치 등고선처럼 나타나기 때문에 물체의 편평도를 쉽게 파악할 수 있다. 실제로 자동차나 비행기 표면이 편평한지 알아보기 위해 무아레 무늬를 응용한 이 방법을 쓴다. 사람 몸에 적용하면 척추 이상 같은 체형의 이상을 쉽게 알아낼 수 있다.

우리나라 최초의 우주인, 이소연 박사가 무중력 상태에서 얼굴이 어떻게 변하는지 실험하는 데에도 무아레 무늬가 쓰였다. 이소연 박사는

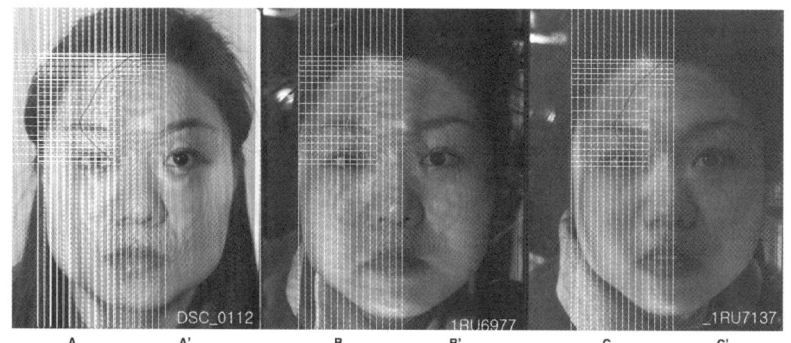

이소연 박사는 무아레 현상을 이용해 무중력상태에서 얼굴 변화를 실험했다. (사진 제공=항공우주연구원)

우주정거장에 있는 동안 매일 사진을 찍었고 미세한 얼굴 변화를 무아레 무늬로 파악할 수 있었다.

또 무아레 무늬를 사용하면 아주 짧은 길이를 측정할 수 있다. 두 장의 줄무늬를 겹친 다음 그중 한 장을 이동시키면 줄무늬가 이동하는 것에 따라 무아레 무늬가 이동한다. 패턴이 동일하면 움직임에 따라 생기는 무아레 무늬의 주기도 동일하게 나타난다.

줄무늬의 간격은 아주 작아도 무아레 무늬는 크게 할 수 있기 때문에 이를 이용하면 아주 짧은 거리를 이동해도 쉽게 알아낼 수 있다. 즉 무아레 무늬가 몇 번 움직였는지를 파악해 움직인 거리를 계산할 수 있다는 말이다. 이 원리를 이용한 장치가 정밀 공작기계에 사용되고 있다.

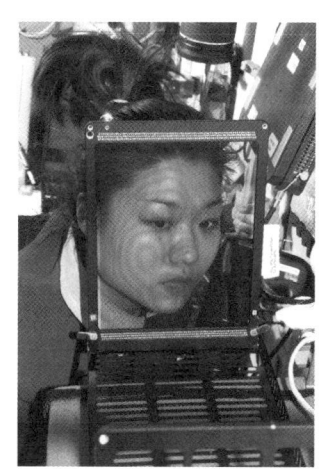

무아레 실험을 하는 이소연 박사

생활 속의 과학 05

정전기가 겨울로 간 까닭은?

겨울만 되면 정전기가 기승을 부린다. 자동차에 키를 꽂을 때마다 불꽃이 튀고, 스웨터를 벗으면 '찌지직' 소리와 함께 머리는 폭탄 맞은 것처럼 변한다. 심지어 사랑하는 애인의 뺨을 쓰다듬을 때 정전기가 튀어 분위기를 망치는 경우도 있다. 이 짜증나는 정전기는 왜 생기는 걸까? 정전기의 정체를 알면 이를 막을 대책도 세울 수 있을 것이다.

∷ 정전기는 번개와 동급(同級)?

흐르지 않고 그냥 머물러 있는 전기라고 해서 정(靜)전기라고 부른다. 우리가 콘센트에 꽂아 쓰는 전기가 흐르는 물이라면, 정전기는 높은 곳에 고여 있는 물이다. 정전기의 전압은 수만 V에 달해 번개와 동급이지만, 전류는 거의 없어 치명적이지 않다. 어마어마하게 높은 곳에 고여 있는 물이지만 한두 방울뿐이라 떨어질 때 별 피해가 없다고나 할까.

정전기가 생기는 이유는 '마찰' 때문이다. 물체를 이루는 원자의 주변에는 전자가 돌고 있는데, 원자핵으로부터 멀리 떨어진 전자들은 마찰을 통해 다른 물체로 쉽게 이동하기도 한다. 이때 전자를 잃
은 쪽은 (+)전하가, 전자를 얻은 쪽은 (-)전하가 되어 전위차가 생긴다.

생활하면서 주변의 물체와 접촉하면 마찰이 일어나기 마련인데, 그때마다 우리 몸과 물체가 전자를 주고받으며 몸과 물체에 조금씩 전기가 저장된다. 한도 이상 전기가 쌓였을 때 적절한 유도체에 닿으면 그동안 쌓았던 전기가 순식간에 불꽃을 튀기며 이동한다. 이것이 정전기다.

:: 정전기도 사람 차별하나?

그런데 정전기로 고생하는 정도는 사람마다 달라 보인다. 우리 주변에는 정전기로 유별나게 고생하는 사람이 꼭 있다. 다른 사람이 만졌을 때는 괜찮았는데 이들이 만지면 어김없이 튀는 정전기. 정말 정전기는 사람을 차별하는 것일까?

정전기가 언제 잘 생기는지를 보면 이 질문에 대한 해답을 얻을 수 있다. 우선 정전기는 건조할 때 잘 생긴다. 수증기는 전기친화성이 있어 주변의 전하를 띠는 입자들을 전기적 중성 상태로 만든다. 따라서 습도가 높으면 정전기도 잘 생기지 않는다. 여름보다 겨울에 정전기가 기승을 부리는 이유다.

　이 원리를 사람에 적용하면 땀을 많이 흘리는 사람보다는 적게 흘리는 사람에게, 지성피부를 가진 사람보다는 건성피부를 가진 사람에게 정전기가 많이 생긴다. 정전기는 주로 물체의 표면에 존재하기 때문에 그 사람의 '피부'가 정전기를 결정한다.

　둘째로 정전기는 전자를 쉽게 주고받을 수 있는 마찰에 의해 잘 생긴다. 마찰전기가 생길 때 전자를 쉽게 잃는 물체가 있고, 전자를 쉽게 얻는 물체가 있다. 예를 들면 플라스틱 종류는 전자를 쉽게 얻고, 모피 종류는 전자를 쉽게 잃는다. 이를 순서대로 나열한 것을 '대전열'이라고 한다. 요즘 중학생들은 대전열을 이렇게 외운다고 한다.

　"털이 유명한 나 고플에" (털가죽-유리-명주-나무-고무-플라스틱-에보나이트)

　우리 몸은 전자를 잘 잃는 편에 가까우니 나일론, 아크릴, 폴리에스테르 같은 합성섬유를 자주 입는 사람은 정전기와 친할 수밖에 없다. 정전기가 잘 발생하는 사람에게 천연섬유(털가죽, 명주, 면)를 입으라는 말에 다 이유가 있는 것이다.

　정전기의 발생과는 별개로 사람마다 정전기를 다르게 느낀다. 보통 남자보다 여자가, 어린이보다 노인이, 뚱뚱한 사람보다 마른 사람이 정전기에 민감하다. 남자는 약 4,000V가 되어야 전기를 느끼는 반면 여자는 약 2,500V만 되도 전기를 느낄 수 있다고 한다. 그래서인지 우리 주변에 "정전기 때문에 못 살겠어"라는 사람은 여자인 경우가 많다.

:: 야누스의 두 얼굴, 정전기

 만약 피부가 건조한 사람이 위의 충고를 무시하고 합성섬유 스웨터를 입다 비명을 지른다 해도 그건 개인의 문제니 넘어갈 만하다. 하지만 산업체에서 정전기는 결코 간과할 수 없는 위협적인 존재다.

 예를 들어 발화점이 낮은 유류를 운반하는 유조차는 작은 스파크에도 치명적이다. 이를 막기 위해 유조차의 뒤편에는 땅바닥으로 늘어뜨린 접지장치가 달려 있다. 접지를 통해 유조차에 조금이라 생길 수 있는 정전기를 땅으로 배출하는 것이다.

 첨단반도체 사업장은 정전기와의 전쟁터라고 불려도 손색이 없다. 반도체 부품은 정전기 방전에 쉽게 파손된다. 그래서 기술자들은 자기 주변에 정전기가 쌓일 만한 저항이 큰 물체를 일절 놓지 않는다. 소매와 양말에 접지선이 달린 특수한 옷을 입고 반도체를 다룬다. 이처럼 정전기를 없애는 것이 산업체에서는 중요한 과제다.

 그렇다고 정전기가 마냥 해로운 것만은 아니다. 우리 생활에서 정전기는 의외로 많은 활약을 하고 있다. 복사기는 정전기를 이용한 대표적인 제품이다. 복사기는 정전기를 이용해 토너의 잉크가루를 종이에 붙인다. 먼지를 제거하는 집진기도 정전기의 원리로 공중의 먼지를 붙여 제거한다. 식품을 포장하는 랩이 그릇에 달라붙는 이유도 정전기 때문이다. 감겨 있던 랩을 '좍' 떼는 순간 마찰로 정전기가 발생하니, 랩의 접착력이 시원치 않다 생각하는 사람은 더 힘차게 떼자. 이처럼 정전기는 우리에게 득과 실을 동시에 주는 존재다.

:: 정전기를 중화하라

이제 정전기의 원리를 알았으니 약간의 주의만 기울이면 정전기로 깜짝 놀랄 일을 줄일 수 있다. 구체적으로 어떻게 하면 좋을까?

우선 적절한 습도를 유지하자. 가습기나 어항 등으로 집안 습도를 높이고, 보습 로션 등으로 피부를 촉촉하게 유지하면 도움이 된다. 머리를 헤어드라이로 말리면 습도가 낮아질 뿐 아니라 수건으로 머리를 비비는 과정에서 마찰전기가 발생하므로 가급적 그냥 말린다.

플라스틱 제품을 사용할 때 특히 주의해야 한다. 합성섬유는 린스로 헹구면 정전기가 많이 줄어든다. 린스는 (+)전기를 띠어 (-)전기를 띤 합성섬유에 붙어 전기를 중화시켜 준다. 물론 합성섬유 옷보다는 천연섬유 옷을 입는 것이 좋다. 최소한 몸에 직접 닿는 부분이라도 천연섬유를 입어 정전기로부터 피부를 보호하자. 플라스틱 빗으로 머리를 빗을 때는 물에 적셨다가 쓰면 정전기를 줄일 수 있다.

평소에 전기를 중화시키는 습관을 들이는 것도 좋다. 자동차 문고리를 잡기 전에 손에 입김 한번 '하~' 하고 불어 주자. 입김으로 손에 생긴 습기가 정전기 확률을 낮춰 준다. 정전기가 튈 것 같은 물건이라면 덥석 잡지 말고, 손톱으로 살짝 건드렸다가 잡으면 손톱을 통해 전기가 방전돼 정전기를 예방할 수 있다.

정전기가 튀는 두 물체의 사이의 최대 거리는 2.5×10^{-7}cm이라고 한다. 아주 가까운 사람 사이에서만 정전기가 튈 수 있다는 말이다. 추운 겨울에 사랑하는 사람과 마음껏 가까이할 수 있도록 정전기를 잘 다스리는 것이 어떨까.

생활 속의 과학 06
'복원' 보다 가치 있는 '보존'

1999년 5월 레오나르도 다 빈치가 그린 '최후의 만찬'이 20년의 복원 작업을 마치고 공개됐다. 20년은 다 빈치가 최후의 만찬을 그리는 데 들어간 시간의 4~5배에 달하는 시간으로 복원 사상 최대 규모의 작업이었다. 최후의 만찬이 공개되자 세계 여론은 '원작을 살렸다'는 쪽과 '그림을 망쳐 놓았다'는 쪽으로 갈라졌다.

:: 끝없이 시달린 명작

최후의 만찬은 산타마리아 델레 그라치에 수도원의 식당 벽(9.1m× 4.2m)에 그려진 벽화다. 이 작품은 다 빈치가 실험적으로 수성 용매를 사용하는 기법을 혼용해 그렸고 습한 식당 벽에 그려졌기 때문에 태생적으로 손상에 취약했다.

게다가 최후의 만찬은 수없이 수난을 겪었다. 수도원에서 식당과 주

최후의 만찬(레오나르도 다 빈치, 1498)
델레 그라치에 수도원의 식당 벽에 그려진 '최후의 만찬'. 전쟁과 덧칠 등으로 끝없이 시달렸다.

방 사이에 문을 내면서 예수의 다리 부분이 통째로 없어졌고, 나폴레옹 정복 당시 프랑스 군인이 식당을 마구간으로 쓰면서 벽이 썩기 시작했다. 심지어 2차 세계대전 때는 비행기 폭격으로 식당이 무너졌으나 최후의 만찬이 그려진 벽만 기적적으로 살아남은 우여곡절도 겪었다.

1726년 이후 최후의 만찬은 6번에 걸쳐 복원이라는 명분 아래 덧칠되기 시작했다. 덧칠하는 사람의 취향에 따라 원작은 본래 의도와는 다른 모습으로 바뀌기 시작했다. 복원팀은 다 빈치가 그린 것만 남긴다는 원칙에 따라 먼지와 곰팡이는 물론 덧칠한 모든 것을 벗겨냈다. 그리고 완전히 없어진 부분에 새로운 그림을 그려 넣지 않고 그냥 베이지색으로 두었다. 복원된 그림은 전보다 밝아지고 다 빈치의 의도는 분명해졌지만 얼룩덜룩하게 바뀐 그림에 대한 찬반 논쟁은 아직도 계속되고 있다.

미술품 복원 전문가는 유실된 부분을 그럴듯하게 채워 넣는 미술가가 아니라 불필요한 부분을 정교하게 분석해 제거하는 과학자에 더 가깝다. X선분석팀이 X선 투시로 그림을 두께 방향으로 측정해 덧칠을 알아내면 화학분석팀은 덧칠에 쓰인 물감의 성분을 분석한다. 그 뒤로는 시간과의 싸움이다. 그림을 mm 단위로 수없이 잘게 쪼개 특별히 제작된 용매로 덧칠을 닦아내는 일을 수없이 반복한다. 물감이 아닌 얼룩은 오존을 쏘아 제거한다. 색이 변하는 원인을 분석하기 위해 핵자기공명장치를 사용하기도 한다.

:: 복원보다 보존이 우선

미술복원팀이 행하는 가장 많은 작업이 '덧칠을 제거하는 것'이라는 사실은 시사하는 바가 크다. 유실된 부분을 보충하는 것보다 부족하더라도 원작 그대로 두는 것이 더 낫다는 뜻이다. 때문에 현대 미술관이 더 주력하는 부분은 복원보다 '보존'이다. 완성된 미술품이 손상되지 않도록 사전에 예방하겠다는 것이다. 미술품의 보존에는 특히 습도와 온도가 중요하다. 대부분 미술관에는 습도와 온도를 최적으로 조절하는 설비가 돼 있다.

귀중한 작품의 경우 비활성기체를 채운 완전 밀폐된 곳에 보관한다. 조금씩이지만 공기 중의 산소와 반응해 작품이 산화하기 때문이다. 비활성기체에 담겨 있으면 작품에서 일어나는 화학 반응을 대부분 막을 수 있다. 최후의 만찬은 이에 더해 한 번에 25명씩 15분간만 관람할 수 있도록 엄격한 제한을 하고 있다.

각 분야에서 보존해야 할 자료가 기하급수적으로 늘어나는 요즘에도 가장 가치 있는 자료는 변형되지 않은 원본이다. 혹시 복원을 가장한 덧칠을 행하고 있지는 않은지 한번쯤 '최후의 만찬의 교훈'을 생각해 볼 때다.

생활 속의 과학 07

음식의 팔방미인 소금

예로부터 소금은 중요한 매매 수단이었다. 노동의 삯으로 소금을 지급하고, 소금으로 필요한 물건도 살 수 있었다. 봉급을 의미하는 영어 샐러리(salary)가 소금(salt)에서 유래됐다는 사실 만으로도 소금의 가치를 짐작할 수 있다. 소금이 비싸지 않은 요즘 기준으로 이상하게 보일지 모르지만, 소금은 우리 생활에 여전히 필수적인 존재다.

소금의 핵심 역할은 두말할 것 없이 짠맛을 내는 것이다. 소금의 나트륨이온(Na^+)이 혀의 짠맛수용체에 닿는 순간 우리는 짠맛을 느낀다. 짠맛수용체는 혀의 미뢰에 있는 감각수용체의 일종으로 짠맛을 느끼도록 해준다. 나트륨이온의 농도가 적당하면 입맛을 다시지만 과하면 불쾌감으로 바뀐다. 음식에 간을 맞춘다는 것이 이 의미다. 하지만 소금의 역할은 여기에 그치지 않는다. 생선 요리를 통해 음식에 뿌린 소금의 역할에 대해 알아보자.

:: 손질-비린내와 점액 제거

먼저 생선을 손질하자. 생선은 특유의 비린내가 있어 먹기 힘든데 소금은 비린내를 줄여준다. 소금을 뿌리면 비린내를 내는 주성분인 '트리메탈아민'이 생선살 밖으로 빠져나온다. 이렇게 소금을 뿌려 비린내를 제거한 음식을 '자반'이라고 부른다. 우리 식탁에 가장 많이 등장하는 고등어자반이 대표적이다.

생선뿐인가? 해산물 중에는 끈끈한 점액을 내는 것들이 많다. 예를 들어 문어나 전복은 끈끈한 타액을 분비해 먹을 때 불쾌감을 준다. 점액이 묻은 부위에 소금을 뿌리고 긁어내면 쉽게 없어진다. 이런 점액질은 단백질 성분인데 소금은 단백질을 굳게 하여 제거하기 쉽도록 해주기 때문이다.

:: 요리- 생선살 단단하게, 더 맛있게

생선 손질이 끝났으면 요리를 해 보자. 소금은 생선살을 단단하게 만든다. 근육을 이루는 단백질인 액틴과 미오신은 각각 45°C와 50~60°C에서 응고되는데 소금은 이 반응이 빨리 일어나도록 돕는다. 단백질이 빨리 응고되면 음식에 뭐가 좋을까? 생선은 물에 살기 때문에 육류에 비해 살이 부드럽다. 따라서 요리할 때 살이 쉽게 부서지는 약점이 있는데 소금이 가미되면 빠른 시간에 조리가 가능하게 되므로 이런 현상을 막을 수 있다.

또 생선을 굽다보면 지느러미가 쉽게 타는데 소금을 깔고 구우면 이 현상을 막을 수 있다. 소금은 녹는점이 800.4°C로 매우 높고 타지 않는다. 소금이 불꽃의 열을 흡수했다가 적절한 열을 내기 때문에 소금 위에 얹어 구운 생선은 타지 않고 먹기 좋게 익는다.

적절한 농도의 소금이 가미된 생선은 달다고 한다. 어째서 이런 일이 가능할까? 그것은 소금이 우리 혀에서 '맛의 필터' 역할을 하기 때문이다. 미국 필라델피아 모넬 화학감각센터에서 쓴맛을 내는 요소(尿素)와 설탕, 소금을 혼합해서 사람들에게 먹이고 반응을 조사하는 실험을 한 적이 있다. 실험 결과 사람들은 소금이 포함된 요소를 설탕이 포함된 요소보다 덜 쓰다고 느꼈다. 연구진은 이 원인이 소금의 혼합으로 맛을 느끼게 하는 원인이 선택적으로 억제됐기 때문이라고 설명한다. 소금이 다양한 맛을 조절한다는 의미다.

실제 신맛은 소금을 가미했을 때 훨씬 부드러워진다. 또 설탕에 소금을 약간 가미하면 단맛이 훨씬 강해진다는 것은 잘 알려진 사실이다. 설탕의 0.2% 정도 소금이 가미될 때 단맛이 최고에 이르는데, 소금을 넣는 단팥죽은 이를 가장 잘 활용한 조상의 지혜라고 할 수 있다.

∷ 정리와 보관 – 미생물 번식 억제

맛있는 식사를 끝냈으니 이제 기구를 정리해야 한다. 시장에서 상인들이 생선을 다듬은 뒤 지저분해진 도마에 굵은 소금을 좍 뿌리고 닦아내는 것을 봤을 것이다. 도마에 낀 이물질은 대부분 단백질인데 소금이 이를 굳혀 쉽게 떨어져 나가도록 하는 것이다. 소금을 뿌려 닦은 도마는 미생물의 번식도 막으니 일석이조다.

먹고 남은 생선은 소금에 절여 보관한다. 이를 염장(鹽藏)이라고 하는데 이것은 소금이 가진 부패 방지 역할 때문이다. 음식이 차지하는 중량의 12% 이상의 소금으로 절인 음식은 오랫동안 상하지 않고 보관할 수 있다. 이는 소금이 미생물 내부의 수분을 삼투압 현상으로 빨아들여 미생물이 살아남지 못하게 하기 때문이다.

그러나 소금의 많은 유익에도 불구하고 과하게 먹으면 몸에 해롭다. 세계보건기구(WTO)가 정한 일일 소금 섭취 권장량은 5g인데, 우리나라 사람들은 하루 권장량의 2배가 넘는 12.5g을 섭취하는 것으로 나타나 소금 섭취를 줄일 필요가 있다. 자극적이지 않은 적절한 양의 소금을 사용해서 우리 혀가 더 민감해진다면, 지금보다 훨씬 더 많은 맛을 기분 좋게 즐기게 될 것이다.

생활 속의 과학 08

알면 두고두고 써먹을 식약(食藥) 궁합

약국에서 약을 지을 때 약사들이 꼭 하는 말. "술은 절대 피하시고, 식사 30분 뒤에 드세요."

술이야 몸에 좋지 않을 때가 많으니 그렇다 치지만, 술 이외에도 피해야 하는 음식은 없을까? 또 과연 모든 약이 식사 30분 뒤에 먹어야 하는 것일까? 누구나 한번쯤 이런 의문을 가져 봤을 것이다. (식사 30분 뒤인 이유는 글 마지막에)

다행히 식품의약품안전청은 '약과 음식 어떻게 먹어야 하나요?'라는 책자를 통해 음식과 약의 궁합에 대해 소개했다. 내용을 들여다보면 사람이 서로 만나는 것에 인연과 궁합이 있듯 음식과 약도 마찬가지라는 것을 알 수 있다. 약에 따라 먹으면 좋은 음식이 있는 반면, 먹으면 안 되는 음식도 있다. 알아두면 두고두고 도움이 될 음식과 약의 궁합에 대해 살펴보자.

우유: 우유는 '완전식품'이라고까지 불리는 몸에 좋은 음식이다. 그러나 어떤 약은 우유와 함께 먹었을 때 문제를 일으킨다. 대표적인 약이 변비 치료제. 우유는 약알칼리성으로 위산을 중화시키기 때문에 장까지 가야하는 변비 치료제를 위에서 녹인다. 약효가 떨어지고 복통이 일어나는 문제가 생길 수 있다. 항생제와 항진균제 중에도 우유와 함께 복용하면 우유가 약의 흡수를 방해하는 것이 있다.

반대로 우유와 함께 복용하면 좋은 약도 있다. 염증을 줄이고 통증을 완화하는 아스피린 등의 진통제는 위를 자극하기 때문에 우유와 함께 먹으면 위 손상을 줄일 수 있다. 간단하게 정리하면 항생제와 변비 치료제는 우유와 함께 먹으면 좋지 않고, 진통제 종류는 우유와 함께 먹으면 좋다.

과일, 채소: 몸에 좋다는 과일, 채소도 예외는 아니다. 자몽은 첫맛은 달콤하고 끝 맛은 쌉쌀해서 좋아하는 사람이 많지만 규칙적으로 먹는 약이 있다면 조심해야 할 과일이다. 정신질환 치료제인 항불안제와 혈액의 지방 성분을 줄여주는 고지혈증 치료제가 이에 해당한다. 그 이유는 간이 이들 약을 분해할 때 자몽의 쓴맛 성분이 방해하기 때문이다. 따라서 항불안제, 고지혈증 치료제와 자몽을 함께 먹으면 약이 분해되지 않아 약효가 과도해지는 문제가 발생한다. 즉 항불안제, 고지혈증 치료제를 먹는 사람에게 자몽은 '금단의 과일'이다.

주스로 자주 먹는 오렌지도 마찬가지다. 위산을 중화시켜 속 쓰림을 줄여주는 겔포스, 알마겔과 같은 제산제에는 알루미늄 성분이 든 것이 많다. 알루미늄은 평소에는 이 성분이 몸에 흡수되지 않고 제산 기능만 하고 배출돼

항불안제, 고지혈증 치료제를 먹는 사람에게 자몽은 '금단의 과일'이다.

안심이지만 오렌지 주스와 함께 먹으면 흡수될 수 있다. 또 제산제의 역할이 산도를 낮추는 것이기 때문에 산도가 높은 과일, 탄산음료 등은 피하는 것이 좋다. 오렌지 주스는 제산제로 위장을 달랜 뒤 적어도 서너 시간 뒤에 마시자.

고혈압 치료제 중에 특히 과일, 채소류의 섭취를 잘 조절해야 하는 것이 많다. 여기서 핵심은 칼륨(K)이다. 고혈압 치료제 중에는 칼륨의 양을 늘리는 것이 많은데 여기에 칼륨이 많이 든 음식을 먹으면 칼륨이 너무 과도해질 위험이 있기 때문이다. 고혈압 치료제 대부분이 칼륨 채널과 연관이 있다. 칼륨이 풍부한 음식은 바나나, 오렌지, 푸른 잎채소 등이다. 고혈압 치료제를 먹는 사람은 과일 채소 섭취에 주의를 기울여야 한다.

항응고제는 좀 더 까다롭다. 항응고제는 혈액이 굳지 않게 해주는 약이다. 여기에는 비타민K가 문제가 된다. 비타민K는 혈액을 잘 응고하는 성질이 있어 항응고제와 정반대다. 따라서 항응고제를 먹는 사람

은 비타민K 섭취를 피해야 한다. 비타민K가 많은 음식은 녹색채소, 양배추, 아스파라거스, 케일, 간, 녹차, 콩 등이다.

고기, 생선: 질병에 걸리면 영양 섭취를 위해 단백질이 많이 포함된 고기를 권하기도 한다. 그런데 여기에도 주의할 점이 있다. 결핵약은 티라민과 히스타민이 많이 든 음식과 함께 먹으면 오한과 두통을 일으킬 수 있다. 티라민이 많이 든 대표적인 음식은 청어, 치즈, 동물의 간 등이고, 히스타민은 등 푸른 생선에 많다. 결핵 치료 중인 환자는 단백질이 필요할 때 종류를 잘 가려 먹어야 한다.

티라민은 우울증 치료제 중 한 종류인 'MAO 억제제'와도 잘 맞지 않는다. 티라민은 혈압을 상승시키는 작용을 하는데 평소에는 MAO 효소가 티라민을 분해해 별 문제가 되지 않는다. 그러나 MAO 억제제를 복용하는 동안은 티라민이 분해되지 않아 고혈압 환자에게 치명적일 수 있다. 즉 고혈압 환자이면서 우울증 치료제를 복용하는 사람은

음식과 약의 궁합

음 식	주의사항 요약
우유	항생제와 변비 치료제와 함께 먹지 말 것 진통제는 좋음
자몽	항불안제, 고지혈증 치료제와 함께 먹지 말 것
오렌지	겔포스, 알마겔 같은 제산제와 함께 먹지 말 것
칼륨 바나나, 오렌지, 푸른잎채소	고혈압 치료제와 함께 먹지 말 것
비타민 K 녹색채소, 양배추, 케일, 아스파라거스, 녹차, 콩	항응고제와 함께 먹지 말 것 결핵 환자는 함께 먹지 말 것
티라민 청어, 치즈, 간	고혈압 환자는 우울증 치료제와 함께 먹지 말 것

티라민 섭취를 줄여야 한다.

기호식품, 술: 대부분 사람들이 생각하는 대로 커피, 콜라, 초콜릿 등의 기호식품은 약과 함께 먹으면 좋지 않다. 정신질환 치료제, 항생제를 먹는 사람은 기호식품에 든 카페인이 부작용을 일으킬 수 있다. 골다공증 치료제를 먹는 사람에게 탄산음료에 든 인은 뼈의 칼슘을 빼내는 역할을 하기 때문에 더욱 나쁘다. 술은 말할 것도 없다. 대부분의 약물에서 크건 적건 술은 부정적인 영향을 미친다.

공복에 먹어야 하는 것: 식후 30분이 아니라 아무것도 먹지 않은 상태에서 먹어야 하는 약도 있다. 진균감염치료제 중 지용성 약물, 해열진통제인 아세트아미노펜, 알레르기 치료제인 항히스타민제 등이 대표적인 예다. 이들은 음식과 함께 먹었을 때 흡수력이 떨어지거나 약효가 감소한다. 이런 약물은 특별히 주의하지 않아도 괜찮다. 약국에서 약을 구입할 때 이를 알려 주기 때문이다.

사실 음식이건 약이건 위장을 통해 몸 안에 흡수된다. 따라서 이들 간에 궁합이 존재할 수밖에 없다. 자신이 먹는 약에 잘 맞는 음식과 맞지 않는 음식을 알면 약의 효과를 더욱 배가시킬 수 있다. 정기적으로 약을 먹어야 하는 사람은 자신이 먹는 약과 음식과의 상생관계를 점검해 보면 좋을 것이다. 식약청 홈페이지(www.kfda.go.kr→정보마당→식약청자료실→간행물·지침)에서 책자의 원문파일을 내려 받을 수 있다.

'식사 30분 뒤 복용'인 이유

대부분의 약은 식사 전·후·중을 가리지 않는다. 그럼 왜 식후 30분으로 정했을까? 약의 효과는 약 성분의 혈중 농도와 연관이 깊다. 대부분의 약이 효과적인 혈중 농도를 유지하는 시간은 약 5~6시간. 이는 식사 간격과 거의 일치한다. 결국 이 조건은 섭취하는 음식물보다는 잊지 않고 꾸준히 약을 먹을 수 있도록 하기 위한 의도가 크다. 음식과 특별히 함께 먹거나 먹지 말아야 하는 약은 윗글을 참고해 주의하자.

도시락 셋

생명 연장의 과학

생명 연장의 과학 01

생물학이 만드는 '현대판 십장생(十長生)'

예로부터 조상들은 해, 구름, 산, 바위, 물, 학, 사슴, 거북, 소나무, 불로초를 '십장생(十長生)'이라 부르며 오래 산다고 여겼다. 잘 살펴보면 앞의 5개는 무생물이고, 나머지 5개는 생물이다. 생물 중에 소나무(500년)와 거북이(200년)는 오래 살지만, 사슴(30년), 학(20년), 영지버섯으로 추정하는 불로초(2개월)는 십장생이란 이름이 부끄러울 정도로 수명이 짧다.

사실 십장생의 실제 수명이 얼마인가는 중요하지 않다. 십장생을 통해 오래살고 싶은 인

십장생도

류의 꿈을 엿볼 수 있다는 점이 의미 있다. 과거의 십장생이 고고한 선계의 이미지를 기준으로 선정됐다면, 현대의 십장생은 분자생물학을 이용해 만든다.

먼저 수명 연장의 의미가 무엇인지 이해할 필요가 있겠다. 생명체의 몸은 여러 기관의 조합이며, 기관을 이루는 세포들은 오래되면 세포 분열을 통해 새로운 세포로 끊임없이 교체된다. 분열에는 엄연히 한계가 있고, 신경처럼 세포 분열이 거의 일어나지 않는 조직도 있다. 오래된 세포는 서서히 노화되고 이것이 기관과 개체의 노화로 이어진다. 따라서 수명 연장이란 근본적으로 세포의 노화를 막는 것이라 할 수 있다.

이런 세포의 노화를 막는 방법을 찾기 위해 수명 연장을 연구하는 과학자들은 주로 형질전환 동물을 이용한다. 특정한 유전자를 변형시킨 동물을 만들고, 그 동물의 수명이 어떻게 변하는지를 살펴보는 것이다.

:: 적게 먹으면 오래 산다

먼저 소식(小食)은 오래전부터 알려진 수명 연장의 비법이다. 적게 먹는 것이 단순히 건강에 좋기 때문만은 아니다. 과학자들은 동물이 적게 먹으면 SIRT1이라는 유전자가 과발현*된다는 것을 알아냈다. SIRT1 유전자는 세포 자살**을 유발하는 p53 유전자와 스트레스로 세포 자

---

* 발현이란 유전자가 단백질을 만들어 유전자의 기능을 수행하는 것이다. 과발현은 정상보다 과하게 많이 발현되는 것을 의미한다.
** 세포 자살이란 외부 자극을 받은 세포가 스스로 죽기로 결정하고 능동적으로 죽음에 이르는 과정이다. 이 책 106p에서 자세히 다루고 있다.

살을 유발하는 FOXO 유전자를 억제한다. 즉 적게 먹으면 스트레스에 대한 세포의 저항성이 높아지고, 세포 자살이 적게 일어난다.

또 적게 먹으면 인슐린 호르몬의 활동이 줄어든다. 인슐린은 혈액의 혈당을 줄이는 것이 주 임무지만, 체내에 지방을 쌓는 역할도 한다. 인슐린 신호 전달 과정이 억제된, 즉 인슐린을 잘 분비하지 못하도록 만든 동물의 수명이 정상 동물보다 길어진다는 보고가 여러 차례 있었다. 인슐린 감소가 수명 연장으로 이어지는 정확한 메커니즘은 아직 밝혀지지 않았지만, 지방조직이 없도록 만든 쥐의 수명이 길어지는 것을 볼 때 지방 축적과 연관이 있을 것으로 추정하고 있다.

적절한 자극은 또 다른 수명 연장의 비법이다. 작은 스트레스가 몸에 좋은 영향을 주는 것을 호메시스(Hormesis)라고 하는데, 꼬마선충과 초파리에서 발견됐다. 꼬마선충에 적절한 열충격을 줬을 때 다른 개체에 비해 수명이 늘어나는 개체가 있었다. 이들을 분석해 보니 열충격으로 HSP1 유전자가 과발현된 것을 알 수 있었다.

과학자들은 HSP1 유전자가 다른 수명 연장에 관여하는 유전자를 활성화했을 것으로 보고 정확한 메커니즘을 찾는 중이다. 동물과 사람도 적절한 스트레스가 오히려 활동성을 증가한다는 보고가 있으니 스트레스라고 마냥 멀리할 일은 아니다.

:: 체온 낮추면 오래 산다

2007년 11월 《사이언스》지에 수명 연장의 새로운 비법이 발표됐는데 그것은 '체온을 낮추는 것'이다. 항온동물은 체온을 일정하게 유지한다. 이것은 뇌의 시상하부에 있는 온도 조절 장치가 체온을 일정하게 유지하기 때문이다. 따라서 항온동물의 체온을 낮추려면 시상하부의 온도 조절 장치를 건드려야 한다.

과학자들은 생쥐의 시상하부를 변형한 형질전환 쥐를 만들었다. 이들의 아이디어는 시상하부에 존재하는 세포에 열이 나도록 만들어서 시상하부가 체온을 낮추도록 한 것이다. 이것은 센서에 열을 가하면 온도조절기가 실내가 덥다고 인지해 보일러를 끄는 것과 같은 원리다. 이렇게 만든 쥐의 체온은 0.3도에서 0.5도 정도 낮아졌다.

체온을 낮춘 쥐의 수명은 수컷이 12%, 암컷이 20% 늘어났다. 다른 쥐에 비해 활동성, 수면 시간, 음식 섭취 등에 변화가 없었고 체중도 줄지 않았다. 체온을 낮춘 쥐의 수명이 늘어난 이유는 무엇일까? 과학자들은 높은 체온을 유지하는 데 필요한 에너지가 줄어들어 그 결과로 에너지를 만들기 위한 대사의 부산물, 활성산소도 적게 발생하기 때문으로 본다.

이들 외에도 수명 연장이 일어나는 비법에는 생식세포를 만들지 못하게 형질전환 시키는 것, 활성산소의 발생을 억제하도록 만드는 것 등 다양한 방법들이 있다. 어찌됐든 과학이 십장생을 성공적으로 탄생시키면 인간에 적용해 수명을 늘일 수 있을 것이다. 진시황이 그토록 간절하게 찾던 불로초가 현대 과학의 힘을 빌려 점점 현실이 되고 있다.

혹자는 조상들이 십장생에 해, 구름, 산, 바위, 물 같은 무생물을 넣었던 이유가 단순히 수명만 늘리려는 것이 아니라 변함없는 자연의 영원성을 배우고자 한 것이라고 말한다. 과학의 발달로 인류의 평균수명은 계속 늘어나고 있지만 늘어난 수명이 그가 살았던 삶의 가치를 말하지는 않을 것이다. 수명 연장의 진정한 의의에 대해 생각해 볼 때다.

생명 연장의 과학 02

상처가 아니라 통증 때문에 죽는다?

군인들은 전쟁터로 나갈 때 진통제를 소지한다. 심각한 상처를 입은 군인들에게 상처 치료보다 더 급한 것은 통증 감소일 수 있기 때문이다. 부상이 심하면 상처 때문이 아니라 통증 때문에 쇼크로 죽을 수 있다.

통증을 줄이는 것이 중요하다는 말이지만, 그렇다고 통증이 나쁜 것만은 아니다. 사실 모든 통증은 나름대로의 이유가 있다. 배가 아프다는 건 위장 기관이, 다리가 아프다는 것은 다리가 쉬고 싶다는 몸의 신호다. 통증이 없다면 우리는 아픈 부위를 깨닫지 못하다 치명적인 상처를 입거나 질병에 걸리게 될 것이다. 야누스의 얼굴처럼 고통과 유익을 함께 주는 통증에 대해 알아보자.

∷ '채널'이 통증 신호를 만든다

통증은 몸의 곳곳에 분포한 통점이 자극을 받아서 통각신경을 통해 뇌로 전달할 때 느낀다. 통점을 구성하는 세포의 세포막에는 채널이란 세포소기관이 있는데, 이 채널을 통해 세포의 안과 밖으로 여러 물질들이 오가면서 세포 사이에 다양한 신호를 전달한다.

인체의 부위가 손상되면 칼륨이온, 세로토닌, 히스타민 등의 통각 유발물질이 만들어지는데, 이들이 채널을 통해 세포 안으로 들어오면서 세포는 통증 신호를 인식하게 된다. 통증을 유발하는 대표적인 채널로 치통, 피부염, 관절염 등의 염증성 통증에 관여하는 캡사이신 채널이 있다. 이 외에도 상처를 입었을 때, 화상을 입었을 때 등 통증의 종류별로 다른 채널이 존재한다.

∷ 신경 중에 가장 느린 통각신경

통점의 세포에서 인식한 통증신호는 통각신경을 통해 뇌로 전달된다. 재미있는 사실은 통각신경이 다른 감각신경에 비해서 매우 가늘어 신호를 느리게 전달한다는 것이다. 압각이나 촉각 등이 초속 70m로 전달되는 데 비해 통각은 초속 0.5~30m정도다. 예를 들어 몸길이 30m인 흰긴수염고래 꼬리에 통증이 생기면 최대 1분 후에 아픔을 느낀다. 실제 우리가 압정을 모르고 밟았을 때 발바닥에 깊이 들어간 다음에야 아픔을 느낄 정도로 통각은 전달 속도가 늦다.

통각신경이 다른 감각신경에 비해 가는 이유는 더 많이 배치되기 위해서다. 피부에는 $1cm^2$ 당 약 200개의 통점이 빽빽이 분포하는데, 통각신경이 굵다면 이렇게 많은 수의 통각신경이 배치될 수 없다. 이렇게 빽빽이 배치돼야 아픈 부위를 정확히 알 수 있다. 반면 내장 기관에는 통점이 1cm² 당 4개에 불과해 아픈 부위를 정확히 알기 어렵다. 폐암과 간암이 늦게 발견되는 것도 폐와 간에 통점이 거의 없기 때문이다.

대신 통각신경의 느린 속도는 촉각신경이 보완한다. 통증이 일어날 때 대부분 촉각도 함께 오기 마련인데, 우리 몸은 경험을 통해 촉각에 반응해 통각의 느린 속도를 보완한다. 뾰족한 것에 닿았을 때 반사적으로 손을 뗀다든지, 등 뒤에서 누군가 건드리면 휙 돌아보는 것이 좋은 예다.

:: **통증의 뿌리를 차단하는 신개념 진통제**

이렇게 통증은 꼭 필요한 것이지만 정도가 심하면 생명까지 위협하기 때문에 과학자들은 통증을 줄이려는 노력을 계속해왔다. 통증을 해소하려면 통증이 일어나는 여러 단계 중 한 부분을 차단하면 된다. 병원에서 사용하는 가장 강력한 진통제인 모르핀은 척수나 뇌 같은 중추신경에 직접 작용해서 통증을 완화한다. 하지만 모르핀은 중독성이 있고 과다하게 사용했을 경우 중추신경계가 마비될 수도 있다.

따라서 통각 신경세포가 받은 자극을 신경신호로 바꾸기 전에 애초부터 통증을 차단하는 방법이 연구 중이다. 캡사이신 채널을 세계 최초로 발견한 서울대 오우택 교수는 캡사이신채널을 여는 역할을 하는 불포화지방산 12-HPETE이 진통을 일으키는 메커니즘을 밝혀 진통제 PAC20030을 개발했다. 이는 캡사이신채널이 열리는 과정을 근원적으로 차단해 통증을 막는다.

이 방법은 통증을 일으키는 채널에 직접 작용하는 만큼 선별적으로 통증을 완화할 수 있다는 장점이 있다. 캡사이신채널을 막으면 치통, 피부염, 관절염 등의 염증성 통증을, 열 자극에 작용하는 채널을 막으면 화상으로 인한 통증을 선별적으로 막을 수 있다는 뜻이다. 또 중추신경을 자극하지 않기 때문에 중독·마비 현상도 예방할 수 있다.

:: 촉각 키워 통증 막는다

한편 '문 조절 이론(gate control theory)'이라는 통증을 막는 재미있는 방법이 있다. 이 이론은 굵은 촉각신경으로 전달된 촉감이 가느다란 통각신경으로 전달되는 통각을 억제한다는 것이다. 즉 촉각이 세지면 통각신경을 더 많이 방해하므로 통증을 덜 느끼게 된다. '경피성 전기 신경 자극(TENS)'은 촉각신경에 전기 자극을 지속적으로 주어 통각신경을 억제해 통증을 덜 느끼게 해주는 장치다.

사실 우리 몸도 '엔도르핀'이라는 진통제를 가지고 있다. 엔도르핀은 육체적, 정신적 스트레스가 심할 때나, 출산이 가까워졌을 때 분비된다. 운동에 집중할 때 발목이 삔 것을 잊는다든지, 전쟁터에서 상처를 입어도 아픔을 못 느끼다 병원에 와서야 느낀다든지 하는 것은 모두 엔도르핀의 작용이다.

통증은 우리 몸이 주는 경고 신호이니만큼 아프다고 마냥 싫어할 일만은 아니다. 통증에 감사하면서 자신의 몸을 더 소중히 하는 것은 어떨까.

생명 연장의 과학 03

독감과 감기, 뭐가 다를까?

"콜록, 콜록~."

"훌쩍훌쩍. 톡(휴지 뽑는 소리). 팽!"

"에엣취~!"

콧물이 흐르고, 기침과 재채기가 난다. 목이 찢어질 듯이 아프고, 열도 난다. 겨울은 감기가 가장 극성을 부리는 때다. 추운 날씨에 면역력이 약해지고, 춥다고 좁은 공간에 많은 사람이 모여 지내니 감염의 위험도 크다. 게다가 난방으로 공기가 건조해지면 호흡기관 표피에 상처가 나기도 쉬워 바이러스가 쉽게 침투한다.

감기란 독감 바이러스 외의 다른 바이러스로 생기는 호흡기 염증성 질환을 통칭한다. 예전에는 콧물, 기침, 재채기와 같은 증상을 포괄적으로 감기라고 불렀지만 의학이 발달하면서 원인이 확실한 것들은 따로 부르고 있다. 현재까지 아데노바이러스를 비롯해 최소 100가지 이상의 바이러스가 감기를 일으킨다고 알려져 있다.

콧물, 기침, 재채기가 나고 목이 아프면 무조건 감기라고 생각하기 쉽지만 꼭 그렇지는 않다. 증상은 감기와 비슷하지만 실제는 다른 '사이비 감기'가 있다는 얘기. 병이 다르니 치료법도 당연히 달라져야 한다. 감기와 비슷하나 실제는 다른 '사이비 감기'를 살펴보자.

감기와 가장 혼동하는 질병은 독감이다. 독감은 종종 '감기가 악화된 것' 또는 '감기 중에 독한 것'이라고 오해받는다. 그러나 며칠 지나면 낫는 감기와 달리 독감은 심할 경우 기관지염이나 폐렴으로 발전한다. 감기의 주된 증상이 콧물, 기침, 가래 등 호흡기 증상인데 반해 독감은 오한, 고열, 근육통이 먼저 나타난다. 감기가 시기를 타지 않는 것과 달리 독감은 유행하는 시기가 정해져 있다.

독감은 인플루엔자 바이러스 때문에 생긴다. 감기는 백신을 만들 수 없지만 독감은 백신을 만들 수 있다. 감기를 일으키는 바이러스는 워낙 다양하지만 독감을 일으키는 바이러스는 한 종류이기 때문이다. 단 인플루엔자 바이러스는 변이가 심하게 일어나기 때문에 매년 백신을 새로 만들어야 한다. 노약자는 그해 유행하는 독감 백신을 미리 맞는 것이 좋다. 단 백신으로 항체가 만들어지기까지는 시간이 걸리므로 독감이 유행하기 3~4개월 전에 맞아야 한다.

두 번째 '사이비 감기'는 알레르기성 비염이다. 코가 간질간질하며 재채기와 콧물이 멈추지 않는다. 초기 감기와 비슷하지만 목이 붓거나 열이 나는 경우는 거의 없다. 증상이 오래 가기 때문에 '감기를 달고 산다'고 오해하기 쉽지만 원인이 다르다.

알레르기는 외부 물질에 대해 몸 안의 면역 기관이 과민 반응을 해 일어나는 현상이다. 즉 꽃가루 등의 외부 물질이 코의 점막이나 기관지에 닿았을 때 면역 기관이 과민하게 반응해 염증을 일으킨다. 때문에 감기약을 먹어도 소용이 없다.

알레르기성 비염을 치료하려면 원인 물질을 찾아서 피하는 것이 최선이다. 혈액검사를 통해 알레르기를 일으키는 원인 물질을 찾을 수 있다. 원인 물질을 피하기 어려울 때는 알레르기 증상을 줄여주는 약물을 주사하기도 한다.

가을철에 주로 발생하는 급성열성질환도 종종 감기와 혼동된다. 대표적인 급성열성질환에는 쯔쯔가무시병, 유행성출혈열, 렙토스피라증이 있다. 이들은 주로 야외활동을 할 때 감염됐다가 1~3주 뒤에 증상이 나타난다. 열이 나고 머리가 아프며, 근육통 증상이 있어 몸살감기에 걸렸다고 오해하기 쉽다. 감기와 달리 붉은 반점이 나타나기 때문에 의심되면 즉시 병원에 가서 치료해야 한다.

두려운 사실은 생명을 위협하는 질환 중에도 초기 증상이 감기와 비슷한 경우가 있다는 것이다. 장티푸스는 초기에 두통, 발열, 기침과 몸살 기운이 나타난다. 장티푸스는 그대로 방치하면 25%가 사망에 이를 정도로 무서운 병이다. 감기와 달리 코피, 설사, 식욕 감퇴가 반

복적으로 나타나므로 주의해야 한다.

만성백혈병도 감기와 비슷한 증세를 보인다. 급성백혈병이 빈혈, 코피, 피멍이 나타나 쉽게 드러나는 반면 만성백혈병은 몸살감기로 오해하기 쉽다. 심지어 에이즈와 폐종양도 발열과 기침 등 감기와 유사한 증상을 나타낸다. 이처럼 감기와 비슷하나 실제는 다른 질병이 많다. 감기 증상이 줄어들지 않고 2~3주 지속될 때는 즉시 병원을 찾아 정확한 원인을 파악하자.

감기에 대한 우스갯소리로 '감기약 먹으면 일주일, 감기약 안 먹으면 7일 간다'는 말이 있다. 사실 감기약은 감기 자체가 아니라 감기로 인해 생긴 증상을 완화시키는 약이다. 기침이 덜 나게, 콧물과 가래가 덜 생기도록 해준다. 또 염증이 난 부위로 다른 세균이 침입할 수 있으므로 항생제가 종종 쓰인다. 결국 감기에 걸리지 않도록 미리 대비하는 것이 최선이란 뜻이다.

의사들이 추천하는 감기에 걸리지 않기 위한 가장 좋은 습관은 '손을 자주 씻는 것'. 감기 바이러스는 공기보다 타액으로 감염되기 때문이다. 적당한 운동과 위생으로 '감기 없는 겨울'에 도전해 보는 건 어떨까.

생명 연장의 과학 04
세균이 비만을 만든다고?

어른 한 명의 몸을 구성하는 전체 세포 수는 약 60조 개. 얼마나 큰 수인지 쉽게 상상이 안 되는 어마어마한 수다. 그런데 우리 몸에는 세포 수보다 더 많은 세균이 함께 살고 있다는 사실을 아는지? 우리 몸에 살고 있는 세균의 수는 놀랍게도 100~1,000조 개다. 무게로 치면 약 1kg이나 된다. 주인보다 손님이 더 많은 셈이니 이만저만한 '주객전도(主客顚倒)'가 아니다.

'질병을 일으키는 대표주자'로 여겼던 세균이 우리와 함께 살고 있다니 놀라운 일이다. 다행스럽게도 우리 몸에 함께 사는 세균은 해를 끼치지 않고 오히려 도움을 준다. 악어새와 악어의 관계처럼 도움을 주고받는 이런 관계를 '공생(symbiosis)'

우리 몸엔 약 1kg에 이르는 세균이 함께 살고 있다.

이라고 한다. 세균은 소화기관은 물론이고, 생식기, 신장, 허파, 입에도 살고, 심지어 피부와 눈에도 살고 있다. 이중 가장 많은 수는 대장과 소장에 존재한다. 가장 많이 연구돼 있는 장(腸)에 사는 세균과 우리 몸의 공생을 살펴보기로 하자.

∷ 공생 유전자로 적과 동지를 구분

먼저 알 것은 장이 동거를 허락하는 세균은 따로 있다는 사실이다. 유산균은 천만 마리가 한꺼번에 들어와도 아무 탈이 안 나지만 살모넬라균, 비브리오균, 황색포도상구균 등 식중독균이 들어오면 우리 몸은 즉각 이들을 죽이는 면역 체계를 가동한다. 실제 사람의 장에 공생하는 세균은 약 500종류뿐이다. 세균은 사람 뿐 아니라 다른 모든 동물과도 공생하고 있다. 사람과 동물의 장에 공통된 '공생 메커니즘'이 존재한다는 것을 짐작할 수 있다.

이런 공생 메커니즘 중에 가장 중요한 것은 어떤 세균을 살리고 죽일까를 구별하는 것이다. 아직 명확히 밝혀지지는 않았지만 이화여대 이원재 교수는 이 세균을 구별하는 장치를 유전자라고 보고 '공생 유전자'를 찾고 있다. 공생 유전자란 특정한 하나의 유전자가 아니라 공생에 관여하는 모든 유전자를 말한다. 공생은 쌍방의 작용이기 때문에 공생 유전자는 장의 상피세포와

세균에 각각 존재할 것이다.

　세균에 있는 공생 유전자를 밝히기 위해서는 유전자가 무작위로 파괴된 세균들을 장에 집어넣는다. 이 중 정상적인 공생을 하지 못하는 세균이 있다면 공생에 관여하는 유전자가 파괴됐을 가능성이 높다. 그런 세균을 골라내고 세균에 어떤 유전자가 파괴되었는지를 조사해서 공생 유전자를 찾아낸다.

　반대로 장의 상피세포에 있는 공생 관여 유전자를 밝히기 위해서는 장의 유전자를 여러 형태로 변형시켜 세균과의 공생을 조사하면 된다. 이때 장의 유전자를 변형하는 것은 세균보다 어렵기 때문에 이원재 교수팀은 초파리를 이용한다. 초파리는 사람의 유전자와 비슷한 면이 많기 때문에 더욱 유용하다. 초파리의 전체 1만 3천 개 유전자를 하나씩 손상시켜 어떤 유전자가 파괴됐을 때 공생에 문제가 생기는지 조사한다.

　장내 세포 간에 이온 전달과 항상성 유지에 관여하는 Mocs1 유전자, 장내 세균을 인식해 장의 상피세포에 신호를 전달하는 데 관여하는 PGRP-LC 유전자와 PGRP-LB 유전자 등 초파리의 공생유전자는 많이 밝혀진 상태다. 앞으로 사람에 있는 공생 유전자를 알게 되면 각 사람마다 적합한 '맞춤형 유산균'을 개발할 수도 있을 것이다.

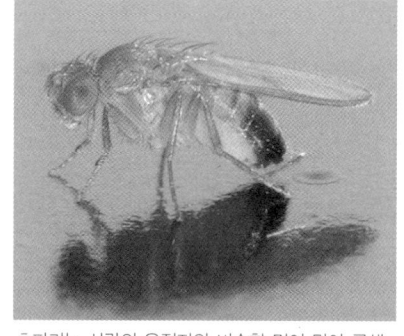

초파리는 사람의 유전자와 비슷한 면이 많아 공생 유전자 연구에 쓰인다.

:: 사람이 세균을 조절 vs 세균이 사람을 조절

또 장은 공생을 허락한 세균이라 할지라도 그 숫자를 적절하게 조절한다. 아무리 유익한 세균이라도 그 수가 너무 많으면 문제가 되기 때문이다. 따라서 세균을 죽이는 물질을 분비하는데 대표적인 것은 듀옥스라는 효소다. 듀옥스는 활성산소를 만들어 장에 공생하고 있는 세균을 죽인다. 만약 듀옥스가 제대로 작동하지 않으면 장내 세균은 최대 1,000배 이상 늘어 동물은 죽음에 이를 수도 있다.

듀옥스와 같은 물질은 우리 몸에도 좋지 않은 영향을 끼치기 때문에 적절한 양이 분비돼야 하는데 이 양이 지나칠 경우 만성 대장염을 일으킬 수 있다. 따라서 이들의 분비를 잘 조절해 질병을 예방하려는 연구도 진행되고 있다.

반면 인체가 공생하는 세균을 조절하듯 세균도 인체를 조절한다. 이와 연관된 재미있는 연구 결과가 있다. 바로 장에 공생하는 세균이 비만을 유도한다는 사실이다. 장내 공생하는 세균 중 가장 많은 비율을 차지하는 것은 페르미쿠테스(*Firmicutes*) 속 세균과 박테로이데테스(*Bacteroidetes*) 속 세균이다.

연구 결과 뚱뚱한 사람일수록 페르미쿠테스 속 세균이 많아 90%를 차지했다. 비만 환자가 정상체중으로 돌아오면서 페르미쿠테스 속 세균의 비율은 73%로 떨어졌고, 박테로이데테스 속 세균의 비율이 15%로 늘었다. 페르미쿠테스 속 세균이 비만을 유도할지 모른다는 의심을 받기 시작한 것이다.

실제 세균이 전혀 없는 무균생쥐에 비만생쥐의 내장에 사는 세균들을 이식한 결과 2주 만에 체지방이 47%나 증가했다. 또 무균생쥐에 고지방 음식을 먹여도 비만생쥐가 되지 않는다는 사실도 밝혀졌다. 결국 칼로리를 흡수하는 정도가 세균에 의해 달라질 수 있다는 말이다. 과학자들은 비만의 원인으로 게으름이나 식탐 이외에도 생물학적인 원인을 주목해 왔는데 그 근거가 제시된 셈이다. 앞으로 장내 세균을 조절하는 것을 통해 비만을 치료하는 길이 열릴 가능성이 높다.

인체와 세균은 이처럼 서로가 서로를 조절하며 공생하고 있다. 인체가 자신에게 유리한 세균을 선별하고 세균의 수를 조절하면서 이득을 취하는 것처럼, 세균도 인체의 조건을 자신에게 유리하도록 조절한다. 인체와 세균의 줄타기가 절묘하게 균형을 잡을 때 최선의 건강 상태가 만들어지는 것이다. 우리 사회도 자기 목소리만 높이기보다는 이런 균형감각을 배워야 하지 않을까.

생명 연장의 과학 05

이 한 몸 바쳐 주인 살리리! 세포 자살

때로 사람은 자살을 선택한다. 그 이유가 심각한 우울증에 의한 것이든, 과도한 스트레스에 의한 것이든, 숭고한 뜻이 담긴 것이든, 그동안 자살은 지성과 감정이 발달한 인간에게서만 볼 수 있는 것이라고 생각했다. 하지만 동물도 특별한 경우 자살을 한다. 자살은 인간만의 전유물이 아닌 것이다.

그런데 사람과 동물처럼 우리 몸을 구성하는 세포도 자살한다는 사실을 아는지? 자의식이 없는 세포가 자살한다니 우스운 이야기처럼 들리겠지만, 세포 자살은 우리 몸에서 빈번하게 발생하고 있다. 게다가 세포가 자살을 선택하는 이유가 '희생정신' 때문이라는 사실은 놀랍다. 도대체 '자살'이란 말을 붙일 수 있는 세포의 죽음은 어떤 것일까?

:: 네크로시스(타살) vs 아포토시스(자살)

'세포 자살'이 있다는 말은 '세포 타살'도 있다는 말일 것이다. 타의적인 죽음은 네크로시스(necrosis), 자의적인 죽음은 아포토시스(apoptosis)라고 불린다. 세포의 타살과 자살은 그 과정과 형태에서 분명한 차이를 보인다.

타의적인 죽음인 네크로시스는 세포가 손상돼 어쩔 수 없이 죽음에 이르는 과정을 말한다. 세포 안팎의 삼투압 차이가 수만 배까지 나면 세포 밖의 물이 세포 안으로 급격하게 유입돼 세포가 터져 죽는다. 마치 풍선에 바람을 계속 불어넣으면 '펑!' 하고 터지듯이 말이다.

반면 자의적인 죽음인 아포토시스는 세포 스스로 죽기로 결정하고 생체에너지인 ATP를 적극적으로 소모하면서 죽음에 이르는 과정을 말한다. 이 과정에서는 유전자가 작동해 죽음에 이르게 하는 단백질을 만들어낸다. 네크로시스와는 정반대로 세포는 쪼그라들고, 세포 내의 DNA는 규칙적으로 절단된다. 쪼그라들어 단편화된 세포 조각들을 주변의 식세포가 시체 처리하듯 잡아먹는 것으로 자살의 과정이 종료된다.

:: 세포가 자살을 택하는 이유

그렇다면 왜 세포는 자살을 선택할까? 진화의 관점으로 본다면 개별 세포도 살기 위해 발버둥 쳐야 마땅한데 스스로 죽기를 택하다니 역설적인 이야기가 아닐 수 없다. 세포가 자살을 선택하는 이유는 자신이 죽는 것이 전체 개체에 유익하기 때문이다. 즉 자신을 던져 전체를 살리는 희생정신을 발휘하는 것이다.

인체 내에서 세포 자살이 일어나는 경우는 크게 두 가지다. 하나는 발생과 분화의 과정 중에 불필요한 부분을 없애기 위해서 일어난다. 올챙이가 개구리가 되면서 꼬리가 없어지는 과정이 대표적인 예이다. 사람은 태아의 손이 발생할 때 몸통에서 주걱 모양으로 손이 먼저 나온 후에 손가락 위치가 아닌 나머지 부분의 세포들이 자살해서 우리가 보는 일반적인 손 모양을 만든다. 이들은 이미 죽음이 예정돼 있다고 해서 이런 과정을 PCD(programed cell death)라고 부른다.

다른 하나는 세포가 심각하게 훼손돼 암세포로 변할 가능성이 있을 때 전체 개체를 보호하기 위해 세포 자살이 일어난다. 즉 방사선, 화학약품, 바이러스 감염 등으로 유전자 변형이 일어나면 세포는 이를 감지하고 자신이 암세포로 변해 전체 개체에 피해를 입히기 전에 자살을 결정한다. 이때 아포토시스 과정에 문제가 있는 세포는 자살을 못하고 암세포로 변한다. 과학자들은 이와 같은 아포토시스와 암의 관계를 알게 되자 암세포의 세포 자살을 유발하는 물질을 이용해 항암제를 개발하려는 연구를 진행하고 있다.

:: 세포 자살 연구로 암 치료

그렇다면 아포토시스는 어떤 과정을 거쳐 일어날까? 아포토시스가 일어나는 복잡한 과정에는 수많은 유전자와 단백질이 관여하지만, 가장 중요한 역할을 하는 유전자는 p53이다. 많은 세포에서 p53은 세포의 DNA가 심각한 손상을 입은 경우, 세포 분열을 멈추고 아포토시스가 일어나도록 시동을 켜는 역할을 한다. 반면 bcl-2 유전자는 아포토시스가 일어나지 않도록 방해하는 역할을 한다.

일단 아포토시스가 일어나도록 결정이 되면, 단계적인 유전자 조절 과정을 거쳐 캐스패이즈라는 효소를 활성화시키

게 되는데, 이들이 미토콘드리아의 핵심 단백질 NDUSF1을 파괴하여 세포 사멸에 이르게 한다고 알려져 있다. 과학자들은 아포토시스의 중간 과정 물질들을 통해서 세포 자살을 유도하거나 막는 방법으로 암을 비롯한 여러 질병을 제어하려 하고 있다.

흥미로운 것은 외부로부터 침입한 세균 등을 죽이는 역할의 T-면역세포(Tk cell)도 아포토시스를 이용한다는 사실이다. 식세포 등이 세균을 둘러싸 잡아먹는 다소 과격한 방법을 사용하는 데 반해 T-면역세포는 보다 똑똑하게 죽인다. 세균이 몸 안에 침입하면 T-면역세포는 세균에 달라붙어서 세균의 세포벽에 구멍을 뚫고 아포토시스를 유발하는 물질을 집어넣는다. 세균은 원치 않는 자살의 과정을 겪게 된다.

이처럼 아포토시스는 우리 몸이 제대로 기능하도록 도와주며, 정상세포가 암이 되지 않도록 우리 몸을 보호하는 중요한 역할을 감당하고 있다. 자신이 죽어야할 때를 알아 기꺼이 사멸하는 세포처럼 사회의 이익을 위해 자신의 손해도 감수할 수 있다면 우리가 속한 사회가 좀 더 건강해지지 않을까?

생명 연장의 과학 06

암세포를 정상세포로 돌린다?

통계청의 발표에 따르면 2005년 우리나라 사망원인 1위는 26.7%를 차지한 암이다. 암은 사망 원인 통계조사가 시작된 1983년 이후로 한번도 1위 자리를 내준 적이 없다. 우리나라에서는 하루에 673명이 생을 마감하는데 그중 179명이 암으로 사망한다. 또 매년 12만 명이 새롭게 암환자가 된다. 세계적으로도 암은 심혈관질병 다음으로 높은 사망원인이다.

상황이 이렇다 보니 암은 의학·과학에서 가장 관심이 집중된 분야다. 웬만한 생명과학 연구과제는 암과 연관을 맺고 있다고 봐도 좋을 정도다. 이는 언론을 통해 발표되는 연구결과 중 상당수가 "암 치료하는 단백질", "나노로봇으로 암 치료"하는 식으로 암을 언급하고 있는 것만 봐도 알 수 있다. 인류가 암과의 전쟁을 시작한 지는 이미 오래됐다. 과연 암을 감기처럼 쉽게 취급하게 될 날은 언제쯤 올까?

:: 암세포의 정체는 브레이크 고장 난 세포

먼저 암에 대해 이해하자. 사실 암이란 하나의 질병을 지칭하는 단어가 아니다. 약 200개의 질병이 암이란 이름으로 통칭되고 있다. 이들의 공통된 특징은 암세포로 말미암아 생긴 질환이라는 점이다. 그럼 암세포란 무엇인가? 암세포는 성장을 멈출 줄 모르는 세포다. 정상세포가 특별한 이유로 바뀌어 암세포가 된다.

일반 세포는 성장을 엄격하게 조절 받기 때문에 수십 번 분열하고 나면 더 이상 성장하지 않는다. 일반 세포의 DNA에는 성장과 분열을 조절하는 부분이 포함돼 있기 때문이다.

그런데 이 부분에 문제가 생기면 암세포가 될 수 있다. 예를 들어 성장을 멈추게 하는 부분이 없어지거나, 성장을 빠르게 하는 부분이 여러 번 중복되면 세포의 성장은 브레이크를 없애고 액셀러레이터를 여러 개 붙인 자동차처럼 빨라진다.

그런 의미에서 일반 세포를 암세포로 바꾸는 물질을 발암물질이라고 부른다. 탄 음식에 많이 든 벤조피렌 같은 화학물질이나 헬리코박터 파이로리 같은 세균, 바이러스가 발암물질이 될 수 있다. 강력한 에너지를 가진 자외선도 DNA를 변형해 암을 일으킬 수 있다.

물론 우리 몸에 방어수단이 있기 때문에 발암물질이 있다고 모두 암세포가 되는 건 아니며, 암세포가 있다고 해서 모두 암이 되는 것도 아니다.

일단 암세포가 되면 정상 세포와는 다른 특성을 보인다. 암세포는 혈관을 늘려 주변의 산소와 양분을 빨아들인다. 성장과 분열에 많은 에너지가 필요하기 때문이다. 원래 조직 세포의 모양과 임무는 잃어버리고 오직 성장만이 주된 관심사가 된다. 다른 세포의 경계를 침범하지 않는 일반 세포와 달리 주변 세포를 잠식하면서 성장·분열하기 시작한다.

이렇게 암세포가 자기 영역을 넓혀 덩어리 모양으로 된 것이 종양이다. 암세포 하나가 지름 1cm 정도의 눈에 띄는 종양으로 자라려면 5~10년의 긴 시간이 필요하다. 이 안에는 보통 10억 개의 암세포가 들어 있다. 그리고 이런 종양 중에서 다른 조직으로 퍼지지 않는 것이 양성종양, 다른 조직으로 퍼지는 것이 악성종양, 즉 암이다.

:: 암은 불치병? No!

그럼 암을 어떻게 치료할 수 있을까? 기본 전략은 '암세포만 골라서 제거하는 것'이다.

세포는 약품, 방사선 등 여러 방법으로 죽일 수 있다. 문제는 이런 방법으로는 정상 세포까지 죽일 수 있기 때문에 문제가 된다. 이때 일반 세포와 다른 암세포의 특징은 암을 정복하려는 과학자들에게 좋은 지표가 된다. 다른 곳에서는 녹지 않다가 암세포가 있는 곳에서만 녹아 안에 든 치료약이 흘러나오도록 하는 캡슐이라든지, 암세포만 태워 없애는 특정 주파수의 전자파 등이 암세포만 골라 죽이기 위해 개발된 방법이다.

그런데 최근 KAIST 정종경 교수가 개발한 방법은 암을 정복하는 기본 전략과는 전혀 다른 개념의 연구다. 바로 암세포를 정상세포로 돌려놓는 것이다. 정 교수는 당뇨병, 비만에 관련된 'AMPK'라는 효소를 활성화시키자 대장암세포가 변해 미세돌기가 생기는 등 정상 세포로 바뀌는 사실을 밝혀 《네이처》 2007년 5월 8일자 표지논문으로 발표했다. AMPK 효소는 세포 구조와 염색체 개수 유지에 중요한 역할을 하는 효소로 알려져 있다.

정 교수가 원래 연구하던 분야는 초파리였다. AMPK 효소가 없는 초파리에서 암세포가 생기는 것을 발견하고 연구 방향을 급전환했다. 그리고 사람의 암세포에 AMPK 효소의 역할을 규명하는 연구를 진행한 지 1년도 지나지 않아 놀라운 성과를 낸 것이다. 이는 효소가 대사에만 관여한다는 기존 생각을 깬 연구 결과로 앞으로 새로운 암 연구 분야로 자리 잡을 가능성이 있다.

더 나아가 암이 발생하기 전에 아예 싹을 없애는 연구도 활발하다. 암세포가 종양이 되기 전, 세포 단계에서 발견하고 없애겠다는 것이다. 가장 각광받는 방법은 CT/PET장비다. CT/PET장비는 컴퓨터단층촬영술(CT)과 양성자방출 단층촬영술(PET)이 결합된 장비다. 포도당유사체에 방사성동위원소를 붙여 몸에 주사하면 포도당 대사가 활발한 암세포에 포도당유사체가 집중적으로 모인다. 이때 전신을 CT/PET로 촬영해 암세포 위치를 추적하는 것이다.

포도당 대신 DNA의 원료인 티민에 방사성동위원소를 붙여도 된다. 암세포는 매우 활발하게 세포 분열을 하기 때문에 DNA 원료가 많이 필요하기 때문이다.

암 정복은 어디까지 왔을까? 세계보건기구는 "암의 3분의 1은 예방이 가능하고, 3분의 1은 현대의학으로 완치할 수 있고, 3분의 1은 아직 정복되지 못했다"고 보고했다. 이 말을 그대로 받아들인다면 인간은 암을 66.6%나 정복한 셈이다. 그리고 나머지 3분의 1도 빠른 시간 안에 과학의 힘으로 정복할 수 있을 것이다.

생명 연장의 과학 07

세계 사망 원인 1위, 심혈관질환

아는 사람이 갑자기 죽었다는 소식을 들을 때가 있다. 사고를 당한 경우를 제외하고 사람이 갑자기 죽는 이유는 대부분 심혈관질환 때문이다. 심혈관질환은 평소 아무 문제없이 잠복해 있다가 어느 날 갑자기 나타나 목숨을 앗아간다. 전 세계 사망원인 가운데 심혈관질환이 차지하는 비율은 30%로 가장 높다.

예전에는 심혈관질환으로 급사한 경우 '심장마비'라고 통틀어 말했지만 요즘은 증상의 원인에 따라 세분해서 부른다. 혈관이 막힌 경우, 심장 박동에 문제가 있는 경우, 심장 구조에 문제가 있는 경우 등 심혈관질환은 다양한 원인으로 생긴다. 언제 갑자기 찾아올지도 모르는 불청객, 심혈관질환은 왜 발생하며, 또 어떻게 예방하면 좋을까?

∷ 혈관 막히면 가장 위험

 가장 치명적인 질환들은 피를 보내는 혈관이 막혀 일어난다. 심장은 우리 몸의 구석구석으로 피를 보내는 기관이다. 모든 세포는 심장이 보낸 피로부터 산소와 양분을 공급받아야 살 수 있다. 온 몸에 피를 보내는 심장도 이 원칙에 예외가 아니다. 따라서 심장에는 심장 자신의 세포에 산소와 양분을 공급하기 위해 관상동맥이라는 혈관이 존재한다.

 심혈관질환 중 가장 위험한 급성심근경색은 심장에 피를 공급하는 관상동맥이 '혈전'에 의해 막혀 심장 세포가 죽는 병이다. 급성심근경색이 일어난 지 2시간이 지나면 심장 세포가 산소 공급을 받지 못해 죽기 시작하고 심장이 멈춰 사망에 이르게 된다. 초기에 어떻게 대응하느냐에 따라 생사가 결정되기 때문에 가슴을 쥐어짜는 듯한 고통이 10분 이상 지속되면 즉시 병원에 가야 한다.

 협심증은 심근경색과 비슷하지만 정도가 약한 증상이다. 심장 세포가 죽을 정도는 아니지만 관상동맥에 혈액 공급이 원활하지 못해 심장 근육에 통증이 발생한다. 협심증은 주로 몸을 움직이다가 심장에 무리가 가면 발생한다. 따라서 운동할 때 통증이 오면 협심증, 쉴 때 오면 심근경색일 가능성이 높다. 뇌중풍(뇌졸중)도 심근경색이나 협심증과 같이 혈관이 막혀 발생한다. 단 뇌중풍은 심장이 아니라 뇌

에 혈액을 공급하는 뇌혈관의 일부가 막혀 발생한다.

혈관이 막혀 일어나는 증상은 평소 혈액 순환이 잘 되도록 관리하는 것이 중요하다. 대개 고혈압 환자에게 이들 질환이 나타날 확률이 높기 때문에 적절한 운동과 식습관으로 혈압을 잘 조절해야 한다. 증상이 심할 때는 혈관을 막히게 만든 혈전을 녹이는 약물을 투여하거나 금속관을 넣어 혈관을 늘리는 확장 수술을 받아야 한다.

:: 리듬이 깨진 심장병, 부정맥

부정맥은 심장의 정상 리듬이 깨진 상태를 말한다. '정' 한대로 '맥'이 뛰지 않는다고 해서 부정맥이라 부른다. 이때 심장은 분당 60~100회보다 빨리 뛰거나 천천히 뛰고, 뛰는 속도가 불규칙하게 되기도 한다. 이 경우 심장이 혈액을 제대로 보내지 못해 혈압이 떨어지고 심하면 그 충격으로 실신할 수 있다. 게다가 불규칙적인 심장 박동 때문에 혈구가 터지면 혈전이 만들어져 심근경색으로 발전할 가능성이 높다.

심장의 정상 리듬이 깨져 부정맥이 발생하는 이유는 뭘까? 먼저 심장이 뛰는 원리를 알아야 한다. 모든 심장 세포들은 전기 자극을 만들어 수축하는 능력을 갖고 있다. 이 중 심장의 우심방 근처의 '동방결절'이라는 근육은 다른 심장 세포보다 한 박자 빨리 분당 60~100회 전기 신호를 만들어 낸다. 동방결절이 전기 신호를 만들면 그에 따라 다른 모든 심장 근육들은 세포들이 수축과 이완 운동을 한다. 즉 동방결절의 지휘에 따라 모든 심장 세포들이 일사불란하게 움직이는 것이다.

만약 동방결절 외에 심장의 다른 곳에서 전기 신호가 나타나면 어떻게 될까? 1초에 평균 한 번 정도 뛰던 심장 세포들은 어느 신호에 맞춰야 할지 모르고 파르르 떨다가 '녹다운' 된다. 이런 전기 자극은 심실 표면을 헤집고 돌아다니기 때문에 '토네이도'라고 부른다. 부정맥은 이처럼 심장에 부는 토네이도 때문에 일어난다.

부정맥은 외부에서 전기 자극을 가해 인위적으로 심장을 '재부팅' 해 치료한다. 심장 박동수를 점검해 심장이 불규칙하게 뛰면 부정맥을 의심할 만하다. 부정맥에 걸린 사람은 심장을 흥분시키는 카페인이나 술을 피하는 것이 좋다.

:: 태생적인 구조 이상

심장의 구조가 잘못돼 있어도 병이 생긴다. 심장판막증은 심장에서 혈액이 일정한 방향으로 흐르도록 해주는 판막에 문제가 생긴 병이다. 피가 역류하기 때문에 심장에 무리가 가서 붓게 된다. 심장 박동에 문제를 일으켜 부정맥으로 발전하기 쉽다. 심장판막증을 치료하려면 수술을 통해 정상적인 모양으로 바꿔야 한다. 정도가 약한 경우는 모양을 교정하는 성형수술로 해결되지만, 심하면 아예 인공판막으로 교체해줘야 한다. 다만 인공판막을 달면 혈전이 생기기 쉬우므로 평생 동안 항응고제를 복용해야 한다. 항응고제는 기형아 출산 위험이 있는 약품이다.

심실중격결손은 심장의 각 부분을 구분하는 칸막이에 구멍이 뚫린 경우다. 심장에는 산소와 양분이 많은 깨끗한 피와 노폐물이 가득한 더러운 피가 존재하는데 정상인은 이 두 종류의 피가 완전히 분리된다.

심실 벽에 구멍이 뚫리면 깨끗한 피와 더러운 피가 섞인다. 피가 제 기능을 발휘하지 못하게 되는 것이다. 이 병은 선천적으로 발생하기 때문에 유아기에 발견해서 수술로 치료해야 한다. 다행히 초음파 검사를 하면 엄마 뱃속에 있을 때 발견할 수 있다.

심장과 피는 생명의 상징이며, 뜨거운 감정의 상징이다. 그만큼 심장과 피는 우리 생명과 인격에 큰 부분을 차지한다고 볼 수 있다. 좋은 치료약이 계속 개발되고 있지만 심혈관질환의 가장 좋은 치료법은 평소 적절한 운동과 식습관으로 피를 깨끗하게 유지하는 것이다. 점심시간을 이용해 가벼운 산책이라도 당장 시작해 보는 것은 어떨까.

생명 연장의 과학 08

달콤한 오줌이 살을 깎는다?

기원전 1500년 고대 이집트의 에버스 파피루스(Ebers Papyrus)에는 '너무나 많은 소변을 보는 병'에 대한 기록이 나온다. 2세기 터키의 의사 아레테우스는 이 병을 '뼈와 살이 녹아서 소변으로 나오는 병'이라고 기록했다. 이 병을 현대식으로 바꿔 말하면 당뇨병(糖尿病), 이름대로 '당이 섞인 오줌을 누는 병'이다.

현재 우리나라에서 당뇨병 환자는 폭발적으로 증가하고 있다. 국민 10명 중 1명은 당뇨병 환자로 30년 전에 비해 무려 10배나 증가했다. 당뇨병은 한 번 걸리면 평생 관리해야 하고 수많은 합병증을 동반하는 탓에 엄청난 비용이 든다. 게다가 우리나라의 당뇨병 사망률은 OECD 국가 중에 최고인 35.3%다. 결코 만만히 볼 질병이 아니란 뜻이다.

정상인은 오줌에 당이 전혀 없다. 당뇨병 환자의 오줌에 당이 많이 섞여 나오는 이유는 혈액에 당이 지나치게 많기 때문이다. 신장이 혈액을 걸러 오줌을 만들 때 혈당(혈액 속에 있는 당)이 거를 수 있는 한계를 초과하면 오줌에 당이 섞여 나온다. 지나치게 높은 혈당, 이것이 당뇨병의 실체다.

:: 1형, 2형, 임신성 당뇨병

원래 우리 몸에는 혈당을 조절하는 장치가 있다. 바로 이자의 베타세포에서 분비되는 호르몬, 인슐린이다. 혈당이 높아지면 인슐린이 분비된다. 인슐린은 세포가 혈액 속에서 포도당을 가져다 에너지원으로 쓰도록 촉진한다. 또 지방세포가 포도당을 산화시켜 지방산을 만들도록 촉진한다. 한마디로 우리 몸의 세포를 자극해 에너지 대사를 활발하게 하도록 하는 역할이다.

혈당을 조절하는 인슐린 대사에 문제가 생기면 당뇨병이 된다. 당뇨병은 그 발생 원인에 따라 1형, 2형, 임신성 당뇨로 나뉜다.

1형 당뇨병은 인슐린을 만드는 베타세포가 파괴돼 발생한다. 바이러스 침투 등으로 면역작용에 이상이 생겨 면역세포가 베타세포를 파괴하기 때문이라고 추정할 뿐 아직 정확한 이유는 모른다. 어릴 때 나타나기 때문에 소아 당뇨병, 혹은 인슐린 의존형 당뇨병으로 부르기도 한다. 우리나라에서 1형 당뇨병의 비율은 1% 미만으로 매우 적다.

2형 당뇨병은 인슐린을 만들기는 하지만 그 양이 부족하거나, 아니면 몸의 세포에 문제가 생겨 평균 농도의 인슐린으로는 반응하지 않을 때 발생한다. 즉 인슐린은 정상적으로 분비되고 있는데 세포가 인슐린의 명령을 받아 혈액에서 당을 흡수하지 않으니 혈당이 떨어지지 않는 경우다. 보통 마흔 살이 넘어 발생하므로 성인 당뇨병, 혹은 인슐린 비

의존형 당뇨병으로 부른다. 당뇨병의 95%가 바로 2형이다.

임신성 당뇨병은 전에는 당뇨병이 없었는데 임신과 함께 당뇨병이 생기는 경우다. 임신 중에는 태반에서 여러 호르몬이 분비돼 인슐린 작용을 방해할 수 있다. 임신성 당뇨병에 걸리면 태아가 엄마의 호르몬에 영향을 받아 선천성 기형이 될 수 있으므로 혈당 수치를 평균으로 유지하도록 관리해야 한다. 보통 아이를 낳으면 없어지나 절반 정도는 10년 뒤 2형 당뇨병으로 발전할 가능성이 있다.

:: **무서운 당뇨의 합병증**

당뇨병은 그 자체보다 합병증이 무서운 병이다. 혈당이 정상치보다 높은 상태가 오래 계속되면 어떤 문제가 생길까? 혈당이 높다는 말은 세포가 써야 할 당이 혈액에 있다는 뜻이므로 세포는 에너지 부족에 시달리게 된다. 이때 우리 몸은 당 대신 지방을 분해해 에너지로 쓰려고 하는데 지방을 분해하는 과정에서 케톤체가 과다하게 생길 수 있다. 케톤체가 쌓이면 우리 몸은 빠르게 산성으로 변해 혼수상태에 빠지거나 사망에 이를 수 있다. 이를 케톤산혈증이라고 한다. 케톤산혈증은 인슐린이 절대적으로 부족한 1형 당뇨병에서 자주 나타난다.

하지만 당뇨병 합병증은 대부분 몸 전체에서 서서히 나타난다. 높은 혈당은 먼저 눈을 망가뜨린다. 오랜 동안 높은 혈당에 노출된 눈은 망막병증을 일으키고, 백내장, 녹내장에 쉽게 걸린다. 높은 혈당은 신경에도 영향을 미치는데 발바닥이 저릿하다가 아예 감각을 잃는 경우가 생긴다. 발기부전, 요실금 등도 모두 높은 혈당으로 신경이 망가져 생기는 증상이다.

높은 혈당은 혈관도 망가뜨린다. 혈액이 끈적해지면서 미세혈관이 좁아지거나 막힌다. 당뇨병 환자가 발에 염증이 쉽게 생기는 이유다. 중간 크기의 혈관도 좁아지면서 동맥경화를 일으키고 심하면 심근경색과 같은 심장병을 일으킨다. 당뇨병 환자는 상처가 나도 쉽게 아물지 않는다. 세균이 혈액 속에 당 성분을 먹고 강해져서 우리 몸의 면역체계가 이를 퇴치하기 힘들기 때문이다.

::베타세포의 파괴를 막아라

당뇨병 치료의 핵심은 혈당을 정상 수치로 조절하는 것이다. 이를 위해 당뇨약을 먹고, 인슐린을 주사하거나, 운동과 식이요법을 병행한다. 수시로 혈당을 점검하고 평생 관리해야 하는 부담이 있지만 관리만 잘 하면 정상인과 조금도 다를 바 없이 생활할 수 있다.

과거에는 운동과 식이요법을 하다가 효과가 없으면 당뇨약을 투여하는 방식이었지만 최근 '초기 강력 진압'으로 바뀌고 있다. 당뇨약은 인슐린 저항성을 떨어뜨리는 종류와 인슐린 분비를 촉진하는 종류가 있다. 이같이 하는 이유는 가능한 일찍 혈당을 정상으로 만들어 조직의 손상을 줄이는 것이 중요하기 때문이다. 당뇨약은 내성이 없어 일찍 복용해도 문제되지 않는다.

당뇨병의 근본 문제인 이자의 베타세포의 사멸을 해결하기 위한 연구도 계속되고 있다. 이 연구는 특히 1형 당뇨병에 유효하다. 최근 국내 벤처기업 인피트론은 성체줄기세포를 추출해 이를 베타세포로 분화하는 데 성공했다. 연구팀은 이를 베타세포가 파괴된 생쥐에 투여해 60% 이상의 생쥐의 당뇨증상이 회복되는 것을 확인했다. 줄기세포를 이용해 사람의 베타세포를 직접 만들 수 있게 되면 당뇨병 완치도 가능할 것이다.

면역세포가 베타세포에 아예 접근하지 못하게 하는 기술도 나왔다. 미국 존스 홉킨스대 아라빈드 아레팔리 박사팀은 베타세포를 특수캡슐에 담아 간에 이식했다. 간에 이식한 이유는 간이 인슐린을 온몸에 보내기 더 좋은 장소이기 때문이다. 특수캡슐의 구멍은 베타세포에서 만든 인슐린이 빠져나올 만한 크기였지만, 베타세포를 파괴하는 면역세포가 접근할 수는 없는 크기였다. 이식한 베타세포는 2개월 이상 인슐린을 생산했다.

앞으로 당뇨병에 대해 많은 사실을 알면 번거로운 관리 없이도 당뇨병을 완전히 정복할 날이 올지도 모른다. 하지만 가장 좋은 방법은 당뇨병에 걸리지 않도록 미리 적절한 식생활과 운동으로 관리하는 것이다. 그리고 정기적인 검사로 초기 대처를 잘 해야 한다. 우리나라 당뇨병 환자 사망률이 높은 이유는 30대 환자가 급증하고 있기 때문이니 나이가 적다고 안심할 일도 아니다.

생명 연장의 과학 09

면역세포를 갖고 노는 HIV

1980년 미국 로스앤젤레스의 남성 동성애자 5명이 칼리니폐렴에 걸렸다. 칼리니폐렴은 면역력이 전혀 없는 노인이 걸리는 희귀한 병으로 젊은이들이 걸렸다는 사실은 특이한 일이었다. 환자들의 혈액을 검사하자 놀랍게도 항체를 만드는 세포가 전혀 없었다. 에이즈(AIDS, 후천성면역결핍증)가 최초로 발견된 것이다.

발견된 지 30년이 채 안 됐지만 에이즈는 가장 유명한 질병이 됐다. 2006년 말 발표된 자료에 따르면 전 세계 에이즈 환자는 4,000만 명 이상이며, 이중 2,500만 명이 사망했다. 우리나라는 2007년 3월 말 현재 4,755명의 에이즈 환자가 등록돼 있고, 이 중 864명이 사망했다. 특히 '걸리면 끝'이라는 인식 때문인지 에이즈가 주는 공포는 다른 어떤 질병보다 크다. 과연 인류는 '신이 내린 재앙'을 극복할 수 있을까?

:: HIV 감염 10년 뒤 에이즈

　에이즈는 한마디로 HIV(인간면역결핍바이러스)에 감염돼 면역력을 잃어버리는 질병이다. 우리 몸은 바이러스나 세균이 들어오면 이들을 퇴치하는 면역체계를 즉각 가동한다. 면역체계는 매우 다양한 면역세포, 항체, 단백질의 협주곡이라고 할 수 있어 하나라도 빠지면 문제가 생긴다. 이중 CD4 T세포(이하 CD4)라는 면역세포는 바이러스의 정보를 다른 세포들에게 전달하는 중요한 역할을 한다. HIV는 대범하게도 바이러스를 잡는 CD4를 공격한다.

　HIV에 감염되면 두통, 발열, 근육통을 3주 정도 앓다 회복된다. 우리 몸의 면역체계가 침투한 HIV를 파괴하기 때문이다. 그러나 완벽하게 퇴치하지는 못하며 일부 HIV는 몸에 남는다. 이때부터 HIV는 8~10년에 걸쳐 서서히 인체를 잠식하기 시작한다. 면역체계가 아직 살아 있기 때문에 별 문제없이 생활할 수 있다. 에이즈 환자라고 부르지만 사실은 HIV 보균자라고 보는 것이 정확하다.

　그러다 갑자기 면역체계와 HIV의 팽팽했던 줄다리기가 한쪽으로 급격히 기우는 때가 온다. CD4가 혈액 1ml에 200개 이하로 떨어지는 순간이다. HIV는 폭발적으로 증가하기 시작하며, 반대로 면역세포 수는 급격히 줄어든다. 일단 면역체계가 무너지면 평소 쉽게 퇴치했던 병균들이 우리 몸을 사정없이 유린하게 된다. 이때부터가 후천적으로 면역이 없어진 상태, 에이즈다. 일단 에이즈가 시작되면 대부분 1~2년 내에 사망한다.

∷ **역전사효소 억제해 치료**

어떻게 에이즈의 공포로부터 벗어날 수 있을까? 가장 쉬운 방법은 감염을 막는 것이다. HIV는 특별한 상황에서만 전염되기 때문에 조금만 주의하면 된다. HIV 바이러스는 감염자의 정액, 질액이나 혈액에 존재하며, 성행위나 수혈을 통해서만 전염된다. 땀과 침 같은 다른 분비물에는 HIV가 존재하지 않기 때문에 일상생활을 함께 하는 것으로는 전염되지 않는다. 모기나 다른 곤충으로 옮겨지지도 않는다. 즉 개인이 건전한 성생활을 하고, 병원이 혈액 관리를 철저하게 하면 대부분 막을 수 있다.

에이즈 치료약이 매우 빠르게 개발되고 있기 때문에 이미 HIV에 감염된 사람에게도 희망은 있다. 발견된 지 30년이 채 안된 질병임에도 에이즈는 암 만큼이나 많은 것이 알려졌다. 그동안 과학자들은 HIV가 면역세포를 파괴하는 과정을 분자생물학적으로 추적했다. 이 과정을 알아야 치료약을 만들 수 있기 때문이다.

HIV는 단백질과 RNA로 된 바이러스다. HIV는 우선 CD4에 구멍을 뚫고 자신의 RNA를 세포 속에 집어넣는다. 세포 안에 들어간 RNA는 역전사효소라는 효소를 만들어 DNA로 변신한 다음 CD4의 DNA 속에 끼어들어간다. 다음은 CD4를 이용해 수백~수천 개 HIV로 증식한다. 충분히 증식한 HIV는 CD4의 자살유전자를 활성화시키는 것으로 알려져 있다. 즉 이용가치가 끝난 CD4에게 '자살하라'는 명령을 내림으로써 CD4를 죽게 만드는 것이다.

대부분 에이즈 치료약은 RNA를 DNA로 바꾸는 역전사효소의 기능을 억제하는 데 초점을 맞추고 있다. HIV가 CD4의 DNA에 끼어들어가는 과정을 막는 것이다. 역전사효소는 사람에게 필요 없는 효소이기 때문에 부작용이 없어 더 효과적이다. 현재 역전사효소를 억제하는 약이 약 10가지 나와 있다. 이중 3~4가지 약을 한꺼번에 먹게 하는 칵테일 요법이 좋은 효과를 내고 있다.

유럽과 미국의 13개 연구팀이 13,000명을 대상으로 실시한 임상실험에서 칵테일 요법으로 치료받은 사람은 3년 내 에이즈 말기상태에 이르는 확률이 3.4%에 불과했다. 치료받지 않은 사람의 50%가 말기상태에 이르거나 숨진 것을 비교할 때 놀라운 수치다. HIV의 증식 과정이 거의 알려진 만큼, 앞으로 부작용이 더 적고 치료 효과는 더 높은 치료제가 계속 개발될 것이다.

과학자들은 현재의 치료약 개발 속도를 감안할 때 머지않은 미래에 에이즈를 정복할 수 있을 것이라 전망하고 있다. 하지만 기억해야 할 것은 에이즈는 인류가 자초한 질병이라는 사실이다. HIV의 출현 경로를 연구한 많은 과학자들은 인류가 아프리카에 조용히 숨겨진 밀림을 들쑤셨기 때문에 HIV가 세상에 나왔다고 말한다. 무분별한 개발은 인류에게 돌이킬 수 없는 치명적인 상처를 남길 수 있다.

생명 연장의 과학 10

세균워즈 – 내성균의 역습

일본 소아과 의사 테라사와 마사히코는 그의 저서 《아이들의 병이 낫지 않는다》에서 "최근 몇 년 사이 약이 듣지 않거나 같은 병을 반복해서 앓는 아이들이 급격히 늘었다"고 말했다. 그는 12년 동안의 경험을 바탕으로 "중이염 같이 예전에 쉽게 나았던 병이 점점 낫기 힘들어지고 있다"고 경고했다.

왜 잘 낫던 병이 낫기 힘들어졌을까. 가장 큰 이유는 인류의 '대세균 무기'인 항생제의 위력이 예전만 못하기 때문이다. 항생제에 저항성을 가진 '항생제 내성균'은 점점 늘고 있다. 심지어 예전에 완전히 섬멸했다고 생각한 병균도 더 강력해진 모습으로 돌아오고 있다. 인류는 내성균의 역습을 이겨낼 수 있을까?

:: 폐렴이 불치의 병?

세균에게 일방적으로 패했던 인류가 '무기'를 갖게 된 지는 80년도 안 된다. 1928년 스코틀랜드 생물학자 알렉산더 플레밍이 페니실리움(penicillium) 속의 곰팡이에서 추출한 페니실린이 최초의 항생제다. 페니실린은 2차 세계대전 후 대량생산돼 세균성 질병 치료에 혁혁한 공을 세웠다. 그 뒤로 스트렙토마이신, 테트라사이클린, 반코마이신 같은 다양한 항생제가 쏟아져 나왔다.

포도상구균페니실린에 이은 항생제의 개발로 과학자들은 앞으로 수십년 내에 모든 세균성 질병을 정복하리라 낙관했다. 그러나 항생제 내성균의 등장으로 이 예측은 빗나갔다. 페니실린은 내성균이 워낙 많아져 거의 쓸 수 없는 항생제가 됐고, 다른 항생제들의 내성균 비율도 차차 높아지는 추세다.

대표적인 항생제 내성균은 포도상구균(staphylococcus aureus)이다. 세균이 포도송이 모양으로 모여 자라기 때문에 이 같은 이름이 붙었다. 이 세균은 폐, 소화기관, 비뇨기관, 피부 등 몸의 거의 모든 곳에 살면서 질병을 일으킨다. 폐렴, 식중독, 관절염, 골수염은 물론 아토피까지 일으키는 아주 골치 아픈 세균이다.

애초 포도상구균은 페니실린으로 치료할 수 있었다. 그러나 페니실린 사용

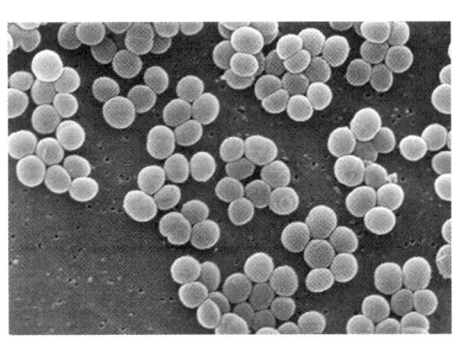

포도상구균

이 늘며 페니실린을 분해하는 포도상구균이 생겼다. 과학자들은 이를 대체할 새로운 항생제 메티실린을 개발했다. 그런데 얼마 전부터는 이 메티실린에 내성을 가진 메티실린내성포도상구균(MRSA)이 등장했다. MRSA를 퇴치할 유일한 수단은 반코마이신 뿐. 반코마이신은 현재까지 인류가 가진 최후의 보루라고 할 수 있는 항생제다. 세균의 진화 속도는 놀라워서 최근 반코마이신에 내성이 생긴 반코마이신내성포도상구균(VRSA)까지 등장했다.

VRSA에 감염되면 더 이상 치료방법이 없다. 두려운 사실은 이 불치의 병이 손쉽게 전염된다는 사실이다. 2005년 질병관리본부의 자료에 따르면 포도상구균에 감염된 대학병원 환자 중 MRSA의 비율이 69%나 될 정도로 우리나라는 내성균 위험 국가다. 현재 우리나라에 VRSA로 의심되는 보고는 단 한 건이지만, 이런 상황이라면 VRSA가 언제 창궐할지 장담할 수 없다.

:: 내성균은 이미 있던 세균

항생제 내성균은 왜 생길까? 사실 '항생제 내성균이 생긴다'는 말은 정확한 표현이 아니다. 항생제 내성균은 생긴 것이 아니라 애초부터 있었기 때문이다. 세균은 전체 유전자 수가 작고 워낙 자주 번식하기 때문에 다양한 돌연변이종이 존재한다. 예를 들어 페니실린을 분해하는 효소를 만들어 페니실린을 무력화하는 세균이 수백만 마리의 세균 중에 한둘 존재할 수 있다는 뜻이다.

평소 이들은 다른 세균들과 똑같았다. 그러나 항생제가 투여되면 다른 세균들은 다 죽고 이들만 살아남는다. 우리 몸의 면역세포가 살아남은 이들을 죽이지만 끝까지 살아남는 경우가 있다. 항생제를 자주 쓰거나, 쓰다 말다를 반복하면 내성균이 살아남을 확률이 높아진다.

살아남은 이들은 조용히 때를 기다리다 번식하기 좋은 조건이 되면 자신의 자손을 만들기 시작한다. 이 내성균의 후예들은 '항생제 내성 유전자'를 물려받았기 때문에 항생제를 투여해도 더 이상 죽지 않는다. 즉 항생제를 많이 쓸수록 항생제 내성균이 생길 가능성도 크다. 역설적이게도 병을 치료하는 병원이 내성균이 발생하기 가장 쉬운 장소가 된다.

:: 항생제 남용 1위 국가, 대한민국

그럼 내성균에 대항할 방법은 없을까? 가장 쉽게 생각할 수 있는 방법은 새로운 항생제를 만드는 것이다. 세균의 세포벽을 자라지 못하게 하거나 단백질 합성을 방해하는 현재 항생제 대신 다른 방법으로 세균을 죽이는 항생제가 개발되고 있다. 메티실린이 페니실린을 대치한 것처럼 반코마이신을 대치할 차세대 항생제도 곧 나올 것이다.

하지만 새로운 항생제보다 더 중요한 것은 항생제 관리다. 우리나라는 오래 전부터 항생제 남용 국가 1위라는 오명을 갖고 있다. 우리는 모르는 새 꽤 많은 항생제를 섭취하고 있다. 저항성을 높이기 위해 사육하는 가축을 항생제가 든 음식을 먹여 키우기 때문이다. 쇠고기, 돼지고기 등의 고기는 물론 벌꿀 같은 기호품에도 항생제가 들어간다. 항생제 불감증이 정도를 넘어도 한참 넘어섰다.

우리 몸은 면역기능이 있어 대부분의 질병은 자연적으로 치료된다. 며칠 빨리 낫자고 무리해서 항생제를 쓸 필요가 없다는 말이다. 하루에 5번 이상 손을 씻도록 간단한 생활 습관만 바꿔도 세균성 질병에 걸릴 확률은 절반 이상 줄어든다. 항균비누 같은 항균제품도 내성균을 만들 수 있으므로 장기간 사용하는 것은 좋지 않다. 꼭 필요한 곳에만 항생제를 쓰도록 강력한 관리가 필요한 때다.

생명 연장의 과학 11

항생제 내성균 먹는 '박테리오파지'

아폴로 11호의 달착륙선을 기억하는가. 각진 몸통에, 옆으로 게 다리처럼 생긴 착륙용 다리가 비죽이 나와 있다. 그런데 이 아폴로 11호의 달착륙선과 꼭 닮은 생물이 있다. 그것도 크기가 0.1μm(마이크로미터, 1μm=백만분의 1m)에 불과해 세균용 필터로 걸러도 거뜬히 통과하는 작은 생물이다. 그 주인공은 박테리오파지라는 바이러스다.

박테리오파지에서 박테리오는 '세균'이란 뜻이고, 파지는 '먹는다'는 뜻이다. 즉 박테리오파지는 세균을 잡아먹는 바이러스다. 감기를 일으키는 인플루엔자, 에이즈를 일으키는 HIV만큼 잘 알려져 있지는 않지만 한번 보면 결코 잊을 수 없는 기묘한 모양 때문에 바이러스 세계에서 박테리오파지는 꽤 유명 인사다. 게다가 최근 과학자들은 박테리오파지의 새로운 가능성을 주목하고 있다.

:: 괜히 착륙선 모양이 아니야

 1915년 프레데릭 드워트는 포도상구균을 키우다가 균이 투명하게 녹은 것을 발견했다. 그 부위를 떼어내 다른 포도상구균에 집어넣었더니 그 균도 녹았다. 그는 이 '물질'이 세균이 생산한 독소라고 생각했다. 프랑스 세균학자 펠릭스 데렐은 그 '물질'이 세균을 죽인다고 해서 박테리오파지라는 이름을 붙였다. 당시는 그것이 바이러스라는 사실을 알 수 없었다. 박테리오파지가 물질이 아니라 바이러스라는 사실이 밝혀진 것은 1930년대 전자현미경이 등장하면서부터다.

 전자현미경으로 보면 박테리오파지는 머리와 꼬리로 돼 있다. 다각형으로 생긴 머리 내부에는 유전물질인 DNA(종류에 따라 RNA가 든 박테리오파지도 있음)가 들어 있다. 머리 아랫부분은 꼬리다. 신축성이 있는 단백질로 돼 있고 세균 표면에 달라붙는 부위를 '기저판'이라고 부른다. '다리'처럼 보이는 것은 미세섬유 조직이다. 전체를 구성하는 단백질 수가 약 150개에 불과하다.

 박테리오파지가 처음 발견된 것은 포도상구균에서였지만 이후 대장균을 비롯한 다른 여러 세균에서 발견됐다. 감염하는 세균에 따라 박테리오파지의 종류도 매우 다양하다. 세균 표면에 붙은 박테리오파지는 마치 주사기처럼 표면에 자신의 몸통을 꼭 부착시킨 뒤 DNA를 세균 속으로 주입한다. 이처럼 박테리오파지가 세균에 감염할 때 단백질 껍질은 세균 표면에 그대로 놔두고 DNA만 세균 속으로 쏙 들어간다.

: : 바로 죽이거나 나중에 죽이거나

일단 세균을 감염하는 파지는 두 가지 형태의 생활사를 보인다. 대표적인 박테리오파지인 T4 파지는 대장균에 들어간 뒤 30분 내에 대장균을 터트리고 나오는 '용균성 생활사'(lytic cycle)를 가지고 있다. 일단 대장균에 들어간 T4 파지의 DNA는 특별한 효소를 만들어 대장균의 DNA를 박살낸다. 그리고 대장균의 복제효소와 리보솜을 사용해서 수십~수천 개의 T4 파지 DNA와 단백질 껍질을 만든다. 이들 DNA와 단백질 껍질은 서로 결합한 뒤 대장균을 터트리고 나온다. 매우 공격적인 박테리오파지다.

같은 대장균에 감염하지만 람다 파지는 조금 다른 '용원성 생활사(lysogenic cycle)'을 가지고 있다. 대장균에 들어간 람파 파지의 DNA는 대장균의 DNA 속으로 슬쩍 끼어들어 간다. 이후 대장균이 증식하면 람파 파지도 함께 증식하면서 조용히 생활한다. 그러나 자외선을 쐬는 등 특정한 자극을 받으면 람파 파지도 T4 파지와 같이 용균성 생활사로 바뀌기도 한다.

: : 항생제 대체 수단으로 주목

그럼 과학자들이 박테리오파지를 주목하는 이유는 뭘까? 처음에 과학자들은 유전물질을 전달하는 매개체로 박테리오파지를 주목했다. 생물학에서는 특정 유전자를 어떤 생물로 전송할 필요가 자주 발생한다. 사람이 직접 손으로 전송할 수 없기 때문에 이 과정을 중개해 주는 매개체가 반드시 필요하다. 이를 '벡터'라고 한다.

람다 파지의 경우 미생물에 감염해서 그 미생물의 DNA로 끼어들어 가는 특성이 있다. 만약 람다 파지에 우리가 원하는 유전자를 넣어주면 그 유전자는 미생물의 DNA로 끼어들어갈 수 있게 된다. 문제는 람다 파지의 크기가 매우 작아서 넣을 수 있는 유전자의 크기가 제한된다는 점이다. 과학자들은 원하는 유전자를 잘게 잘라서 따로 따로 넣는 등 다양한 방법을 고안하기도 했다.

그리고 최근 과학자들은 항생제를 대체할 강력한 수단으로 박테리오파지를 주목하고 있다. 박테리오파지가 세균을 죽이는 반면 인체에는 무해하기 때문이다. 사실 박테리오파지를 세균을 죽이는 수단으로 쓰려는 시도는 오래됐지만 효용성 등의 문제 등으로 최근 전까지 무시됐었다. 그러나 항생제에 내성을 가진 슈퍼박테리아가 늘자 세균을 죽일 새로운 수단이 필요해진 것이다.

:: 기저판 변형으로 '세균 킬러' 양성

2007년 9월 영국 웰컴트러스트생거 연구소의 아나 토리비오 박사는 쥐에 결장염을 일으키는 시트로박터 로덴티움에 감염된 쥐를 박테리오파지로 완치시키는 데 성공했다고 밝혔다. 토라비오 박사는 캠 강에 서식하는 여러 박테리오파지 혼합액을 쥐에 투여했는데, 그는 여러 종류를 섞어 투여하는 것이 내성을 줄이는 데 도움이 될 것으로 보고 있다.

문제는 우리가 치료하고자 하는 병원성 세균을 죽이는 박테리오파지가 없는 경우다. 과학자들은 박테리오파지에서 세균의 표면에 직접 달라붙는 부위인 기저판을 변형시켜 이 문제를 해결하려 하고 있다. 기저판은 16개의 단백질로 돼 있는 복잡한 구조로 보통 때는 6각형 구조지만, 박테리아 표면에 달라붙으면 별 모양으로 바뀐다. 기저판의 부착 섬유를 구성하는 단백질을 변형하면 기존 박테리오파지가 인간에게 해로운 세균에 감염하도록 바꿀 수 있을지 모른다.

농약 대신 천적을 사용해서 해충을 잡는 방법은 여러모로 유익한 점이 많다. 농약의 독성도 남지 않고 생태계 유지에도 도움이 되기 때문이다. 항생제는 세균 세계에서 농약과 같은 존재라고 할 수 있다. 부작용도 많고, 내성균의 등장은 항생제에 의존했던 인류를 공포로 몰아가고 있다. 박테리오파지는 세균의 천적이다. 인간을 괴롭히는 다양한 병원성 세균을 섬멸하는 박테리오파지가 개발되는 날을 기대해 본다.

생명 연장의 과학 12

뇌사와 식물인간은 다르다?

2007년 1월 고(故) 최요삼 선수가 뇌사판정을 받았다. 최 선수는 인터콘티넨탈 플라이급(50.8kg) 타이틀 1차 방어전에서 상대 선수를 압도하며 심판 전원일치로 3 대 0 판정승을 거뒀다. 하지만 경기 직후 의식을 잃고 순천향병원으로 이송됐다. 경기 도중 받은 충격으로 뇌출혈이 일어난 것이다.

많은 사람들의 염원에도 불구하고 최 선수는 끝내 깨어나지 못했다. 뇌사 판정을 받은 날 자정에 장기적출을 해 공식적으로는 2007년 1월 3일 생을 마감했다. 최 선수와 가족의 동의로 6명이 새 생명을 얻었다. 최 선수의 고귀한 희생 덕분에 뇌사와 장기이식에 대한 관심이 커지고 있다.

:: 엄격한 뇌사의 기준

1968년 미국 하버드 의과대학은 특별보고서를 통해 뇌사를 '비가역적 혼수상태(Irreversible Coma)'라고 정의했다. 즉 뇌가 영원히 기능을 상실한 상태를 말한다. 특히 심장 박동이나 호흡처럼 생명 유지에 필수적인 역할을 하는 뇌간이 죽었다. 따라서 뇌사가 일어나면 필연적으로 심장이 멎어 죽음에 이른다. 인공호흡기에 의해 얼마 동안 호흡과 심장박동을 연장할 수 있지만 회복할 가능성은 없다.

이 점에서 뇌사는 식물인간과 다르다. 식물인간은 뇌의 일부가 손상을 입어 의식이 없지만 뇌간은 생생히 살아 있다. 인공호흡기가 없어도 자발적으로 호흡할 수 있고, 가끔 눈을 깜박이거나 신음소리를 내기도 한다. 수개월이나 수년 뒤에 기적적으로 깨어나는 경우가 종종 있어 식물인간은 장기기증 대상이 될 수 없다.

우리나라에서 뇌사는 장기이식을 전제로 할 때만 인정된다. 장기이식을 하려면 가능한 '건강한' 상태의 장기를 얻는 것이 필수다. 그만큼 뇌사판정은 신속하고, 정확하게 이뤄져야 한다. 2002년 개정된 '장기 등 이식에 관한 법률'에 의해 뇌사판정에는 엄격한 기준이 적용된다.

우선 체온이 32℃ 이하로 떨어진 저체온상태나 저혈압 등으로 인한 쇼크 상태가 아니어야 한다. 마취제 같은 약물중독이나 저혈당 같은 내분비 장애가 있어도 안 된다. 이런 상태에서는 뇌사가 아님에도 뇌사로 오판할 가능성이 있기 때문이다. 또 원인이 확실한 뇌의 손상이 있고 인공호흡기로만 호흡이 유지되어야 하는 것이 전제 조건이다.

이 조건 아래 외부자극에 반응이 전혀 없는지, 스스로 호흡하는 기능이 완전히 없어졌는지, 동공이 열려 있는지, 뇌간반사가 완전히 소실됐는지 등을 검사한다. 뇌간반사란 대뇌를 거치지 않고 일어나는 반사다. 의식이 없어도 뇌간이 살아 있으면 빛을 비추면 눈동자의 크기가 작아지고, 각막을 건드리면 눈을 감는 반사가 일어난다. 뇌사한 사람은 이 같은 뇌간반사가 전혀 나타나지 않는다.

이들 항목을 검사한 지 6시간이 지나면 앞의 검사에 참여하지 않은 다른 의사가 다시 검사한다. 그때도 똑같은 결과를 얻으면 뇌파를 검사해 30분 이상 아무런 반응이 나타나지 않은지 확인한다. 뇌사판정검사에 참여하지 않은 전문의 3명 이상을 포함한 6~10명의 뇌사판정위원회가 구성되고 여기서 전원이 찬성하면 최종적으로 뇌사판정이 내려진다. 이때 전문의 중에는 신경과 전문의가 반드시 포함돼야 한다.

:: 장기이식은 시간, 면역체계와 싸워야

뇌사판정이 내려지면 가능한 신속하게 장기적출을 한다. 이때부터는 시간과의 싸움이다. 장기를 척출하면 냉동상태로 보관해 신속히 병원으로 이송한다. 이때 장기를 제공받을 수여자는 이미 수술 준비를 마치고 수술대에 누워있는 상태다. 장기척출과 이식 수술이 순차적으로 맞물려 진행되기 때문에 한순간도 긴장을 늦출 수 없다.

장기이식에서 가장 큰 문제는 면역거부반응이다. 우리 몸의 면역체계는 자신이 아닌 것을 죽이도록 프로그램이 돼 있다. 기껏 넣어준 장기가 면역체계에 의해 파괴될 위험이 있는 것이다. 따라서 장기이식을 할 때는 수여자에게 면역억제제를 다량 투여한다. 이때 수여자가 세균의 공격을 받으면 방어할 수단이 없으므로 무균실로 옮겨 철저하게 관리한다.

일단 몸이 이식한 장기를 받아들이면 면역억제제의 양을 줄여도 괜찮지만 평생 면역억제제를 복용해야 한다. 그러나 죽음의 문턱에 있다가 소생한 사람에게 이 정도 부담이 무슨 대수겠는가. 회복이 불가능한 손상을 입었을 때 장기이식은 최후의, 그리고 최선의 치료법이다.

국립장기이식관리센터에 따르면 2007년 장기를 기증한 뇌사자는 모두 148명이다. 매년 조금씩 수가 늘어나고 있지만 장기이식을 기다리는 환자는 이보다 훨씬 빠르게 늘고 있다. 매년 장기이식을 기다리는 100명 중에 불과 1명만 혜택을 받는다. 기다리다 사망에 이르는 경우가 대부분이다. 국내 장기이식 뇌사자의 수는 100만 명에 3.1명으로 스페인의 30명, 미국의 25명에 비하면 10분의 1밖에 되지 않는다. 또 우리나라는 본인이 장기이식을 신청했어도 가족이 반대하면 성사되지 못한다.

다행스럽게도 최 선수의 아름다운 기증 소식으로 장기기증 신청자가 평소의 3배나 늘었다고 한다. 최 선수가 일으킨 작은 변화가 계속 이어지려면 장기기증에 대한 부정적인 인식이 바뀌어야 한다. 조금만 생각을 바꾸면 누구나 '세상에서 가장 귀한 선물'을 할 수 있다.

도시락 넷

인간 한계에 도전하는 스포츠

인간 한계에 도전하는 스포츠 01
100m 신기록, 인간 한계 깰까?

지난 베이징올림픽의 최고 뉴스로 남자 100m 세계신기록이 선정됐다. 자메이카의 우사인 볼트는 과거 인간의 한계라고 여겼던 9초7을 돌파해 9초69의 기록으로 결승선을 통과했다. 게다가 200m와 400m 계주에서도 세계신기록을 달성해 명실상부한 세계 최고의 스프린터로 등극했다.*

볼트의 기록을 시속으로 환산하면 무려 37.15km. 1초에 10.32m를 달린 셈이다. 또 41걸음 만에 결승점에 들어와 한 걸음마다 평균 2.439m를 달렸다. 10초 안에 승부가 갈리는 남자 100m 경기는 수많은 육상 종목 중에서도 특별하다. '세계에서 가장 빠른 사람'을 가리는 경기이기 때문이다. 100분의 1초를 단축하기 위해 선수와 함께 과학자도 뛰고 있다.

---

* 2009년 8월, 독일 베를린에서 열린 세계육상선수권대회에서 우사인 볼트는 9초58로 또다시 세계신기록을 경신했다.

:: 출발 반응속도는 0.1초가 한계

원래 볼트는 200m가 주력 종목이었다. 볼트를 지도하고 있는 글렌 밀스 코치는 196cm에 달하는 볼트의 큰 키 때문에 100m에 어울리지 않는다고 생각했다. 인터뷰에서 밝힌 것처럼 100m는 200m에 대비해 기록을 향상하기 위한 일종의 '연습'이었다.

볼트가 세계기록을 세운 이유는 약점으로 지목됐던 출발반응속도를 높였기 때문이다. 출발반응속도는 출발 총성이 울린 뒤 실제 출발하기까지 걸린 시간이다. 이론적으로 가능한 최소 시간은 0.1초. 인간이 귀를 통해 받아들인 청각신호가 뇌까지 가는데 걸리는 시간 0.08초에다 뇌가 판단해 근육을 움직이는데 걸리는 0.02초를 더한 시간이다. 따라서 육상에서 0.1초 이내에 출발하면 부정 출발로 간주한다.

100m 선수들은 일반인과 비교할 수 없이 출발반응속도가 빠르다. 동일한 자극을 반복해서 받으며 훈련하면 해당 신경섬유가 굵어져 신호의 전달 속도가 빨라지고 뇌가 판단을 내리는 시간도 줄어든다. 세계적인 100m 선수들의 출발 반응속도는 0.1~0.2초. 최고 기록은 1995년 영국의 린포드 크리스티가 세운 0.110초다.

출발 반응속도는 어떻게 측정할까? 100m 선수들이 출발할 때 밟고 있는 스타팅 블록에는 압력을 측정하는 센서가 달려 있다. 즉 출발 총성이 울린 시점과 압력이 급격한 변화가 있는 시점(출발한 시점)의 시간을 측정한다. 재미있는 사실은 1번 레인 옆에서 출발 총성을 울리기 때문에 약 10m 떨어진 8번 레인 선수는 약 0.02초의 손해를 본다는 것. 1번 레인에 가까이 있는 편이 조금이나마 유리하다.

:: 바람을 잘 타야 세계신기록

출발 총성이 울리면 선수들은 온몸의 힘을 폭발시켜 달린다. 발은 트랙을 박차고, 온몸은 공기를 가른다. 이때 바람은 100m 기록에 가장 중요한 변수로 작용한다. 선수들이 맞바람이나 옆바람을 맞으며 달리면 기록이 떨어진다. 100m 달리기 직전 뒷바람이 불어 줘야 좋은 기록을 기대할 수 있다. '뒷바람 없이 100m 세계기록은 나오지 않는다'는 말이 있을 정도. 볼트는 이번에 뒷바람의 도움을 받지 않고 세계기록을 경신해 더 좋은 기록을 기대하게 했다.

그렇다고 뒷바람이 너무 세도 안 된다. 초속 2m을 초과하는 뒷바람이 불면 기록은 무효가 된다. 초속 2m의 뒷바람이 불면 남자 선수는 0.1초, 여자 선수는 0.12초 기록 단축 효과가 있다고 한다. 50m 지점, 높이 1.22m에 설치된 '풍속측정계'로 출발 신호가 떨어진 뒤 10초 동안 측정한다.

바람과 연관된 아쉬운 기록이 있다. 2001년 세계육상선수권대회에 참여한 모리스 그린(미국)은 9초88의 성적으로 우승을 차지했다. 그런데 100m 결승전 당시 무려 초속 5.1m의 맞바람이 불고 있었다. 초속 5.1m 정도의 맞바람은 100m 기록을 약 0.3초 떨어뜨린다고 한다. 만약 맞바람이 불지 않았다면? 여러 변수가 작

용하니 장담할 수는 없겠지만 단순 계산으로는 9초58이라는 믿기 힘든 기록이 나온다.

다른 환경 변수들도 있다. 스포츠과학자들은 100m 경기는 오히려 기온이 높아야 기록 갱신에 도움이 된다고 말한다. 단시간에 근육의 모든 에너지를 폭발적으로 써야 하는 만큼 몸이 식어 있으면 에너지를 쏟아내기 힘들기 때문이다. 고산지대가 도움이 된다는 말도 있다. 실제로 100m 기록이 처음 9초대(9초95)로 진입한 것은 1968년 멕시코올림픽에서다. 해발 2,300m로 공기가 희박해 저항을 적게 받은 덕에 단거리와 필드경기에서 세계신기록이 쏟아져 나왔다.

:: 막판 스퍼트 위한 무산소 지구력

100m 경기에서 선수의 속력이 최고조에 이르는 순간은 50~60m 지점이다. 이 지점에서 세계적인 선수들의 순간 속력은 무려 시속 43km에 이른다. 하지만 근육 속에 축적했던 산소는 고갈된 상태다. 결국 속력을 떨어뜨리지 않고 나머지 40~50m 구간을 어떻게 달리느냐가 중요하다. 세계적인 선수는 결승점에 통과하는 순간 속력이 시속 40km 정도. 최고 속력을 끝까지 유지한다는 얘기다.

이때 중요한 능력이 무산소 지구력이다. 우리 몸의 근육은 영양소를 산소로 태워 에너지를 만든다. 100m 달리기처럼 단기간에 막대한 에너지를 소모하는 경우, 산소 소비가 공급량을 추월한다. 이때는 정상적인 에너지 생성 경로 대신 무산소 상태에서 에너지를 만드는 경로를 쓰게 된다. 몸이 이 상태를 견디는 힘이 바로 무산소 지구력이다.

볼트의 경우 200m를 달리며 키운 무산소 지구력이 100m 기록에 도움이 됐다. 200m가 주 종목이었던 볼트는 초반 50m는 다른 선수보다 불리하지만 후반 50m는 더 유리하다. 50m 이후 2위와 차이를 더욱 벌린 것이 이를 증명한다.

100m 기록의 한계는 어디까지일까. 최고의 잠재력을 가진 선수가 최고의 훈련을 받고, 트랙과 바람과 온도가 최고 조건에서, 최고의 컨디션으로 달릴 때를 가정해 보자. 일본 스포츠 과학자들이 역대 100m 세계기록 보유자의 장점만 모아 시뮬레이션 한 결과 9.50이 나왔다고 한다. 빠른 것에 대한 인류의 동경이 있는 한 '가장 빠른 사람'을 향한 선수들의 도전도 계속될 것이다.

인간 한계에 도전하는 스포츠 02
축구 프리킥의 진화

2002 한일월드컵을 앞두고 그리스와 마지막 예선전을 벌이는 잉글랜드. 월드컵에 직행하기 위해서는 최소한 무승부를 해야 했지만 2 대 1로 뒤진 채 시간은 이미 90분을 넘어섰다. 그때 잉글랜드에 마지막 기회가 왔다. 다소 먼 거리였지만 프리킥 찬스가 난 것이다.

키커로 나선 선수는 데이비드 베컴. 아름다운 곡선을 그리며 날아간 공은 수비벽을 넘어 골키퍼의 손이 미치지 못하는 골대 구석에 꽂혔다. 그리고 종료 휘슬. 그 '한 방'으로 베컴은 지역 스타에서 세계적인 스타로 발돋움했다.

조직적인 수비를 펼치는 현대 축구에서 가장 많은 득점은 세트 플레이를 통해 나온다. 직접 골대를 겨냥하거나 크로스를 올려 헤딩을 노린다. 가장 단순하지만 가장 위력적이다. 축구가 발전하면서 프리킥도 진화를 거듭했다.

:: 예상보다 빠른 슛의 비밀

처음에 프리킥은 강력한 킥을 가진 선수가 주로 찼다. 수비벽은 공으로부터 9.15m 이상 떨어진 곳에 쌓을 수 있다. 수비벽을 쌓아도 골대 사이에는 약간의 공간이 생기기 마련이다. 이 공간으로 강력한 슛을 날리는 것이다. 때로는 수비벽 사이에 아군이 끼어든다. 키커가 아군을 향해 슛을 날리면 아군은 슛을 하는 순간 주저앉아 공이 지나갈 틈을 만든다.

강력한 프리킥은 현대 축구에서도 종종 사용된다. 프리킥 찬스가 30m 이상의 비교적 먼 거리에서 생기면 보통 수비벽 숫자가 줄어들어 사용하기 용이해진다. 브라질의 호베르투 카를로스, 영국의 스티브 제라드 등이 강력한 슛을 날리는 대표적인 선수다.

이들의 슛을 보면 마치 공기 저항이 없는 것처럼 축구공이 쭉쭉 뻗어나간다. 축구공의 지름은 약 22cm로 상당히 큰 편인데 어떻게 이런 일이 가능할까. 축구공이 받는 저항력은 일반적으로 속도의 제곱에 비례한다. 그렇다면 강력한 슛일수록 저항이 커져 금방 속도가 떨어져야 하는데 실상은 그렇지 않다.

그 이유는 물체가 특정 속도에 이르면 공기의 흐름이 바뀌기 때문이다. 즉 축구공의 속도가 충분히 빠르면 축구공 주변의 공기가 규칙적인 층류에서 불규칙적인 난류로 바뀐다. 난류가 되면 공 표면에 공기의 흐름이 오랫동안 착 달라붙어서 축구공 앞뒤의 압력 차이가 줄어든다. 저항이 줄어든다는 얘기다. 골키퍼가 보기에는 평소보다 공이 더 빠르게 느껴져 막기 힘들다.

:: 부메랑처럼 휘는 슛

현재 각 팀의 프리킥 전담 키커가 가장 많이 구사하는 슛은 스핀 킥이다. 주로 발의 안쪽으로 공을 차서 휘어지게 만든다. 스핀 킥의 장점은 수비벽을 무용지물로 만들 수 있다는 점이다. 보통 골키퍼는 수비벽을 세운 뒤 벽이 없는 쪽에 집중하기 때문에 수비벽을 넘어 들어온 프리킥에 속수무책으로 당한다. 잉글랜드의 데이비드 베컴이 가장 유명하다.

스핀 킥의 원리는 마그누스 효과로 설명한다. 1852년 독일의 물리학자 마그누스는 회전하는 포탄이나 총알이 한쪽으로 휘는 이유가 공기의 압력 차이라고 밝혔다. 오른발잡이가 발의 안쪽으로 스핀 킥을 찼을 때 오른쪽은 공기의 압력이 커지고, 왼쪽은 작아진다. 따라서 압력이 높은 쪽에서 낮은 쪽으로 공이 휘게 된다.

세계적인 선수는 시속 110km에 초당 8~10회전이 걸린 킥을 구사한다. 이때 마그누스 효과로 발생하는 양력은 3.5N이다. 이를 바탕으로 계산하면 축구공은 30m를 날아가는 동안 처음 찼던 방향에서 옆으로 4m나 휜다. 이쯤 되면 반사 신경이 뛰어난 골키퍼라도 당황할 수밖에 없다.

골키퍼를 당황하게 만드는 요인은 또 있다. 축구공은

처음부터 휘지 않고 10m 정도를 직선으로 날아가다 휘기 시작한다. 속도가 빠를 때는 축구공 주변에 불규칙한 난류가 만들어지기 때문에 휘지 않는다. 10m 정도 전진해 속도가 줄어들면 규칙적인 층류로 바뀌면서 비로소 마그누스 효과가 적용되는 것이다.

:: 프리킥의 새 패러다임, 무회전

스핀 킥이 주류인 요즘, 몇몇 선수들이 새로운 프리킥을 구사하기 시작했다. 이른바 무회전 킥이다. 박지성의 맨체스터 유나이티드 경기를 즐기는 독자라면 크리스티아노 호날두가 구사하는 프리킥이 기억날 것이다. 쉽게 잡을 수 있을 것처럼 날아가던 슛은 흔들리다가 갑자기 골키퍼가 잡을 수 없는 곳으로 뚝 떨어진다. 회전이 없어 날아가는 축구공 표면의 무늬가 선명하게 보일 정도다.

무회전 슛을 가장 잘 차는 선수는 브라질의 주니뉴 페르남부카누다. 프랑스 리그에서 뛰는 탓에 유명세는 덜하지만, 주니뉴는 골닷컴이 꼽은 '최근 10년 넘버원 프리키커'다. 무회전 슛을 무기로 주니뉴는 소속팀에서 7년 동안 프리킥으로만 40골을 기록했다. 이 선수의 동영상을 보면 입이 떡 벌어질 것이다.

무회전 슛의 원리는 어디로 휠지 종잡을 수 없는 야구의 너클볼과 같다. 공의 회전이 없기 때문에 그날의 날씨, 바람, 습도에 따라 불규칙하게 움직인다. 차는 선수도 어디로 휠지 알 수 없다. 주니뉴는 오른쪽으로 휘다가 도중에 다시 왼쪽으로 휘는 '경악스러운' (골키퍼 입장에서) 프리킥도 종종 구사한다. 골키퍼는 공이 제발 골대 밖으로 나가길 기도하는 수밖에 없다.

무회전 슛을 하는 방법은 볼의 정중앙을 오차 없이 정확하게 차는 것. 그러나 발의 모양이 둥글고, 킥을 하는 발의 궤도도 둥글기 때문에 쉽지 않다. 정확성이 중요하기 때문에 무회전 슛을 구사하는 선수는 보통 도움닫기를 짧게 하는 간결한 슛 동작을 갖고 있다.

이제까지 볼의 속도와 정확도가 프리킥의 가장 중요한 요소였다면 이제는 '골키퍼가 얼마나 막기 힘든 공을 차느냐'가 중요한 변수가 되었다. 무회전 킥 다음에 프리킥은 또 어떤 모습으로 진화할까 생각해 보면 축구를 즐기는 재미가 더 커질 것이다.

인간 한계에 도전하는 스포츠 03

"왼손은 거들 뿐" – '막슛'의 비밀

현재 최고 인기 스포츠는 축구지만, 필자의 학창 시절에는 단연 농구가 최고였다. 대학교 시절 케이블TV로 마이클 조던의 시카고 불스와 칼 말론의 유타 재즈가 벌이는 미국프로농구(NBA) 파이널 경기를 보다가 결국 강의를 빠진 기억이 난다. 만화 《슬램덩크》와 드라마 〈마지막 승부〉도 농구 인기에 한몫했다.

현란한 드리블과 패스도 볼만하지만 농구의 백미는 슛이다. 고액 연봉을 받는 스타플레이어들은 슛으로 자신의 가치를 증명한다. 그들은 가장 기본인 점프슛, 성공률이 높은 레이업슛은 물론 몸을 비틀어 던지는 훅슛이나 화려한 덩크슛까지 자유자재로 구사한다. 농구 슛에 숨어 있는 과학 원리를 알아보자.

:: 왼손은 거들 뿐, 점프슛

가장 기본적인 슛은 원 핸드 점프슛이다. 만화 슬램덩크를 본 사람은 초짜 농구선수 강백호가 던진 마지막 슛을 기억할 것이다. 무릎을 굽혔다가 수직으로 점프한 뒤 정점에 이르면 팔과 손목을 사용해 던진다. 정점에서 던지는 이유는 이 순간 몸의 속력이 '0'이 되기 때문이다. 오른손잡이의 경우 강백호의 명대사 "왼손은 거들 뿐"처럼 왼손은 가볍게 얹을 뿐이고 오른손만 사용한다. 왼손잡이는 반대다. 자세가 올바르면 슛이 길거나 짧을 수 있어도 좌우로는 빗나가지 않는다. 때문에 던지는 힘과 각도만 잘 맞추면 골인시킬 수 있다.

반복해서 연습하면 거리에 따라 던지는 힘과 각도를 몸으로 체득할 수 있다. 예를 들어 키가 180cm인 사람이 링과 4.6m 떨어진 거리에서 초속 7.16m로 슛을 던진다면 49도 각도로 공을 던지면 된다. 하지만 46~53도 각도로 던져도 공은 들어간다. 골대의 지름은 45cm로 농구공 지름의 거의 두 배에 이를 만큼 크기 때문이다. 게다가 공에 역회전을 주면 백보드에 맞은 공이 구르면서 링에 들어갈 수 있기 때문에 확률은 더 높아진다.

때로 점프의 정점에 이르기 전이나 이른 뒤에 던지는 선수도 있다. 대부분 여자 선수는 3점슛을 시도할 때 정점에 이르기 전에 공을 던진다. 이렇게 하면 슛의 정확도는 다소 떨어지지만 더 세게 던질 수 있다. 몸이 위로 솟구치는 속력이 더해지기 때문이다. 프로농구 원년 멤버인 강동희 선수는 이 원리대로 몸을 한껏 구부렸다 위로 솟구치며 3점 라인이 그어진 6.25m보다 훨씬 바깥에서 초장거리슛을 자주 성공시켰다.

반대로 정점에서 떨어지면서 슛을 던지는 경우도 있다. 이때는 몸이

떨어지는 속력만큼 공의 속력이 줄어들기 때문에 훨씬 세게 던져야 한다. 변칙적이라고 할 수 있는 이 슛은 코비 브라이언트 같은 NBA의 슈퍼스타들이 수비수의 블로킹을 피하기 위해 가끔 구사한다.

:: 가능한 골대 가까이, 레이업슛

정점에서 던지는 점프슛이 정확하듯 몸이 정지된 순간 슛을 던지는 것이 좋지만 격렬한 경기 중에 편하게 던질 기회는 그리 많지 않다. 어쩔 수 없이 움직이면서 슛을 던져야 하는데, 이때는 가능한 골대 가까이 가야 한다. 움직이며 던지는 대표적인 슛은 레이업슛이다.

레이업슛은 속공 찬스가 났을 때나 수비수를 돌파한 뒤에 주로 쓰기 때문에 던지는 순간 몸은 최고 속력으로 달리고 있기 마련이다. 달리는 탄력을 이용해 가능한 골대 가까이까지 점프한 뒤 공을 가볍게 놓고 온다. 이때 공의 속력을 줄이는 것이 관건이다. 살짝 놓고 오는 기분으로 백보드에 한번 맞추고 들어가게 하면 공의 속력을 줄일 수 있다. 일반인은 힘들겠지만 점프력이 뒷받침된다면 직접 골대에 공을 내려치는 덩크슛도 좋다.

:: 동일 패턴을 반복, 고난이도 슛

 반면 골대와의 거리가 꽤 떨어진 곳에서 움직이며 던지는 슛도 있다. 슛 중에서 가장 난이도가 높다. 왕년의 슛도사 이충희 선수는 수비수를 따돌리기 위해 뒤로 점프하며 던지는 페이드어웨이 점프슛이 장기였다. 마이클 조던 같은 NBA 슈퍼스타들은 여기에다 몸을 좌우로 흔드는 동작까지 곁들인 고난이도 슛을 구사한다. 성공하기 힘들지만 수비수는 막을 도리가 없다.

 국내에서 뛰던 용병 중에서도 이런 고난이도 슛을 구사하는 선수가 있었다. 2000~2001년 SBS 스타즈의 데니스 에드워즈는 일명 '막슛'으로 당대 최고 슈터의 자리에 등극했다. 그는 점프의 정점에 이르기 전에 한 손을 대강 링 근처에 접근시켜 공을 미는 듯이 던졌다. 그의 '막슛'은 폼이 엉성한데도 60%를 넘는 엄청난 성공률을 자랑했다.

 자세가 불안정한데도 어떻게 슛이 들어가는 걸까? 비결은 일정한 패턴을 반복해 연습하는 것이다. 농구 선수마다 슛을 던지기 좋아하는 위치가 따로 있다. 골대에서 45도 각도, 3점 라인 1m 안쪽 위치에서 슛 성공률이 가장 높다는 식이다. 선수들은 거기에 '골대를 등진 채로 좌우로 두 번 흔들고 뒤돌아서 던진다' 같은 '옵션'을 붙여 수없이 연습한다.

 같은 동작을 반복하면 그 동작에 관여하는 신경과 근육이 발달한다. 그 패턴에서 속도와 정확도가 높아져 슛 성공률이 올라간다는 뜻이다. 도저히 들어갈 것 같지 않은 에드워즈의 '막슛'이 쏙쏙 들어가는 이유다.

농구 스타들의 멋진 플레이에 감명 받았다면 가까운 학교 운동장에 농구공을 들고 나가보자. 많은 인원이 필요한 축구와 달리 2 대 2나 3 대 3으로도 박진감 넘치는 경기를 할 수 있는 운동이 바로 농구다. 폼이 좀 엉성하면 어떻고, '막슛'이면 어떤가. '막슛'도 연습을 반복하면 성공률을 높일 수 있다.

인간 한계에 도전하는 스포츠 04
과학으로 본 '마린보이' 박태환의 수영

베이징올림픽에서 우리나라 최초로 수영 금메달을 수상한 박태환 선수의 인기가 계속되고 있다. 박 선수는 남자 자유형 400m 금메달을 획득한 데 이어 자유형 200m에서도 동메달을 수상했다. 비록 자신의 주종목인 1,500m에서는 아쉽게도 예선 탈락했지만 그야말로 어마어마한 성과다.

지금까지 수영은 큰 키에 긴 팔다리, 넓은 손발을 가진 백인의 독무대였다. 1930년 이후 일본 선수들이 꾸준히 좋은 성적을 올리고 있지만 가장 빠른 수영인 자유형 종목은 신체조건이 불리한 동양인들에게 난공불락이었다. 그렇기에 상대 선수와 비교해 현저하게 떨어지는 키 182cm, 체중 74kg의 체격조건으로 박 선수가 이룬 성과는 더욱 빛을 발한다.

:: 가공할 만한 막판 스퍼트

불리한 체격조건에도 불구하고 박 선수가 우승할 수 있었던 이유는 뭘까? 200m에서 겨뤘던 미국의 마이클 펠프스는 "박태환 선수의 막판 스퍼트가 뛰어나다는 사실을 알았기 때문에 마지막 턴 이후에도 방심할 수 없었다"고 밝혔다. 박 선수의 뒷심은 이미 유명하다.

박 선수의 뒷심은 어디서 나오는 걸까? 우선 박 선수의 특별난 신체적 조건을 들 수 있겠다. 박 선수의 폐활량은 7,000cc로 일반인(3,000~4,000cc)의 두배에 달하고 일반 수영선수(5,000~6,000cc)에 비해서도 크다. 폐활량은 심폐지구력에 직접적인 영향을 끼치기 때문에 최후의 순간에 힘을 짜낼 수 있게 한다.

박 선수의 뒷심에는 적절한 체력 안배도 큰 기여를 했다. 즉 경기 초반에는 두 번 스트로크에 네 번 킥으로 힘을 안배하다가 마지막에는 두 번 스트로크에 최대 여덟 번 킥을 했다. 이 같은 킥의 안배는 막상 시합이 되면 평소 자기 습관대로 하기가 쉬운데 박 선수는 타고난 리듬감에 끊임없는 훈련을 더해 완벽히 자기 것으로 만들었다.

:: 힘을 덜 들이는 영법

전문가들은 "박 선수의 영법은 군더더기가 전혀 없어 교과서로 불릴 만하다"고 말한다. 사람마다 가질 수 있는 체력에 한계가 있다면 조금이라도 힘을 덜 들이는 영법이 유리하다는 뜻이다. 박 선수는 선천적으로 신체가 매우 유연하고 부력(浮力)이 좋다. 신체가 유연하면 물의 저항을 적게 받고, 부력이 좋으면 몸이 뜨는 데 드는 힘을 줄일 수 있다.

게다가 좌우 근력의 균형이 매우 잘 잡혀 있다. 박 선수의 하체의 미는 힘은 왼쪽이 34.5kg, 오른쪽이 34kg으로 거의 같고, 굽히는 힘도 각각 72.9kg, 72.7kg으로 유사하다. 손의 쥐는 힘을 나타내는 악력도 왼쪽 51.17kg과 오른쪽 48.5kg으로 거의 같다. 좌우 힘이 같다는 것은 수영에서 매우 중요한 요소다.

아무리 힘이 강해도 방향이 흐트러지면 아무 소용이 없다. 박 선수는 좌우 중심이 잘 잡혀 있기 때문에 중심인 허리가 좌우로 흔들리지 않고 고정된 상태로 똑바로 직진할 수 있다. 좌우 밸런스를 깨는 변칙 영법을 구사하는 선수도 있다. 미국의 수영 황제 마이클 펠프스와 호주의 '인간 어뢰' 이언 소프가 대표적이다. 중심축은 무너지지만 체력을 절약하는 이점이 있다고 한다.

:: 상어 닮은 전신수영복

이번 대회는 기록 갱신만큼이나 유명 선수들이 입은 첨단 수영복도 눈길을 끌었다. 2000년 시드니 올림픽에 처음 등장해 수영복은 작을수록 좋다는 통념을 깨뜨린 전신수영복은 이제 수영복의 대세가 됐다. 원단은 물을 머금지 않도록 돼 있고 일반 수영복보다 15%나 가볍다.

전신수영복이 기록을 단축시키는 이유는 물의 저항을 극도로 줄여주기 때문이다. 저항을 줄이는 비밀은 상어의 피부를 모방해 만든 수영복 표면에 새겨진 V자 홈이다. 사람이 맨몸으로 수영을 하면 피부 주위로 빙글빙글 도는 와류가 발생해 속력을 떨어뜨린다. 그러나 상어 피부를 닮은 V자 홈은 물의 흐름을 자연스럽게 해 저항을 줄여 주는 것이다. 맨몸일 때보다 최대 20% 저항의 감소 효과가 있다고 한다. 게다가 몸을 꽉 조여 근육이 더 큰 힘을 내게 하는 효과도 있다.

박 선수는 전신수영복 대신 반신수영복을 입는다. 전신수영복을 입었다가 가슴이 죄는 것 같아 바꿨다고 했다. 본인이 편하게 느끼는 것이 가장 중요하기 때문에 당분간 반신 수영복으로 경기에 임할 것 같다. 그러나 2010년부터 폴리우레탄 재질의 첨단 수영복을 금지시킨 국제수영연맹의 결정이 박태환 선수에게 호재로 작용할 것으로 보인다.

:: **잠영으로 다관왕 도전**

다음 올림픽에서 본인의 주종목인 1,500m에서 금메달을 따기 위해 박 선수가 보강해야 할 점은 무엇일까? 많은 전문가들은 잠영의 길이를 늘려야 한다고 조언한다. 잠영이란 수영선수들이 물 위가 아니라 물속에서 하는 수영을 말한다. 주로 출발할 때나 턴을 할 때 하는데 물 밖에서 하는 것보다 더 빠르다.

미국의 펠프스와 박 선수를 비교하면 잠영의 중요성이 더욱 부각된다. 펠프스는 턴을 할 때마다 10~11m의 잠영을 하는 반면 박 선수는 6m 정도의 잠영을 한다. 잠영이 중요한 이유는 수면 저항이 없어 가장 빠른 영법이기 때문이다. 게다가 잠영이 길수록 팔을 젓는 횟수도 줄어들어 체력을 아낄 수 있다. 박 선수의 주종목인 자유영 1,500m는 턴만 29회이므로 잠영의 길이가 늘어나는 만큼 기록도 크게 단축된다.

잠영을 할 때 선수들은 '돌핀킥'이라 불리는 영법을 구사한다. 발을 나란히 모으고 돌고래가 꼬리를 치듯 위아래로 물을 차며 전진하는 영법이다. 돌고래는 이 같은 방법으로 시속 36km라는 엄청난 속도로 헤엄친다. 과학자 제임스 그레이의 계산에 따르면 돌고래가 이 정도의 속력을 내려면 지금보다 최소 7배나 강한 근육을 가져야 하는 것으로 나타나 이를 '그레이의 패러독스'라 부른다.

과학자들은 아직도 그레이의 패러독스를 완전히 풀지 못하고 있다. 어찌됐든 돌핀킥을 잘 구사하면 적은 힘으로도 빠른 수영을 할 수 있다는 얘기다. 박 선수의 돌핀킥을 사용한 잠영이 더 길어지고 체력 보강이 잘 이뤄지면 다음 대회에서 다관왕을 노려볼 만하다. 박 선수가 보여줄 놀라운 진보가 기대된다.

인간 한계에 도전하는 스포츠 05
김연아 명품 점프의 비밀은?

김연아 선수가 '2009 세계 4대륙 피겨스케이팅 선수권대회'에서 우승을 차지했다. 이후, 김연아는 자신의 세계 기록인 207.71을 깬 210.03이란 최고 기록을 경신하며 피겨 여왕의 자리에 우뚝 섰다.

피겨스케이팅은 점프, 스핀, 스텝 기술과 예술성으로 점수를 매기는 경기다. 관중들은 아름다운 음악에 맞춰 다양한 기술을 선보이는 선수에게 환호한다.

그중 가장 큰 환호는 점프에서 터져 나온다. 김연아 선수가 구사하는 아름다운 점프의 비밀을 들여다보자.

:: 피겨의 6가지 점프 (※오른손잡이인 김연아 선수를 기준으로 기술합니다.)

점프의 종류는 모두 6가지다. 이를 구분하려면 기본적인 내용을 알아야 한다.

피겨스케이트 날은 일반 스케이트와 달리 가운데 홈이 파져있다. 빙판에 닿는 날이 2개인 셈인데, 안쪽을 '인 에지(in edge)', 바깥쪽을 '아웃 에지(out edge)'라고 부른다. 앞쪽에 톱니처럼 생긴 부분은 '토(toe)'다.

인 에지, 아웃 에지, 토 중 어느 부분을 사용해 점프하는지에 따라 악셀, 살코, 루프, 토루프, 플립, 러츠의 6가지로 구분한다. 6가지 점프는 모두 몸을 왼쪽으로 회전하면서 뛰는데, 회전하는 수에 따라 더블(2회전)-, 트리플(3회전)-, 쿼드(4회전)-를 앞에 붙여 부른다. 점프마다 기본 점수가 있다.

선수들은 기본 점프도 뛰지만, 높은 점수를 받기 위해 기본 점프 2~3개를 콤비네이션해서 사용한다.

모든 점프를 콤비네이션할 수는 없다. 점프는 달라도 착지는 모두 오른발로 하기 때문에 오른발로 뛰는 루프와 토루프 점프만 2, 3번째 점프로 쓸 수 있다.

심사위원들은 준비단계, 올라가는 과정, 공중 자세와 회전, 착지 등에 따라 점수를 매긴다. 완벽하게 구사하면 기본 점수에 가산점이 붙고, 실수하면 감점을 당한다. 따라서 선수들은 철저하게 점수를 감안해서 프로그램을 짠다.

김연아 선수는 체력 소모가 큰 고난이도 점프를 앞쪽에 집중 배치하고, 점프 뒤에 스파이럴같이 숨을 돌릴 수 있는 기술을 넣어 프로그램을 구성했다.

6가지 점프 구별하기

가장 구별하기 쉬운 점프는 **악셀 점프**이다. 악셀 점프 이외의 모든 점프는 후진하면서 뛰지만 악셀 점프는 전진하면서 뛰기 때문이다. 왼발 아웃 에지로 뛴다. 착지는 뒤로 하기 때문에 악셀 점프는 다른 점프보다 반 바퀴를 더 돈다. 일본의 아사다 마오 선수의 장기인 트리플악셀의 경우 가장 높은 기본 점수 8.2를 받는다.

살코, 루프 점프는 후진하면서 에지로 뛰는 점프다. 살코는 왼발 인 에지로, 루프는 오른발 아웃 에지로 뛴다. 쉽게 구분하려면 점프하는 순간 다리 모양을 보면 된다. 점프하는 순간 살코는 다리가 평행하고, 루프는 다리가 X자가 된다. 트리플 살코의 기본점수는 4.5, 좀 더 어려운 트리플 루프는 5.0이다.

나머지 셋은 스케이트 앞의 토를 사용해 점프한다. **토루프 점프**는 오른발로 후진하다가 왼발 토를 바닥에 찍으면서 점프한다. 점프 중에서 난이도가 가장 낮아 트리플 토 루프의 기본 점수는 4.0이다.

플립, 러츠 점프는 왼발로 후진하다가 오른발로 토를 찍는 점프다. 둘의 차이는 인 에지를 사용하느냐, 아웃 에지를 사용하느냐. 플립은 인 에지 상태에서, 러츠는 아웃 에지 상태에서 오른발로 토를 찍으며 점프한다. 러츠는 보통 전진하다가 턴한 뒤 사용하기 때문에 구별하기 쉽다. 하지만 아사다 마오 선수가 전진하다 턴한 뒤 아웃 에지가 아니라 인 에지로 뛰는 장면을 ESPN이 느린 화면으로 방송해 논란이 됐었다. 트리플 플립은 5.5, 더 어려운 트리플 러츠는 6.0이다.

선수마다 잘 하는 점프와 못하는 점프가 있기 마련이다. 김연아 선수는 거의 모든 점프를 정석대로 뛰어 '점프의 교과서'로 불린다. 하지만 시합 중에 유독 트리플 루프에서 실수가 잦은 편이다. 4대륙 대회 프리스케이팅에서도 트리플 루프를 시도하다 실수했다.

악셀 점프(Axel jump) 가장 어려운 기술로, 더블 악셀은 2회전 반을 회전한 것이다.

살코 점프(Salchow jump) 스웨덴의 '울리히 살코'가 고안. 한쪽 발로 뒤로 돌아 안쪽 날로 뛰어 오른 뒤 공중에서 회전을 하고 다른쪽 바깥 날로 착지.

토루프 점프(Toe Loop Jump) 오른발 바깥 날로 후진해서 왼발 토를 찍고 점프한 뒤 같은 발 후진 바깥 날로 착지.

러츠 점프(Lutz Jump) 보통 뒤로 돌아 시계 반대 방향으로 공중에서 회전을 하는 점프. 점프에 앞선 동작이 플립과 반대 방향.

(캡션=M25, 일러스트=조영주)

:: 고득점의 비결은 스피드와 토크

김연아 선수가 높은 평가를 받는 이유는 스케일이 크고 정확한 점프를 구사하기 때문이다. 전문가들은 김연아 선수의 점프는 다른 선수와 질적으로 다르다고 평가한다. 경기를 본 독자라면 똑같은 점프를 해도 김연아 선수의 것이 시원시원하고 깔끔하다는 느낌을 받았을 것이다.

가장 큰 차이는 점프의 스케일이다. 이는 스피드로 결정된다. 대부분의 선수들은 점프하기 전에 속도를 약간 늦춘다. 착지할 때 실수할까 봐 두려워하기 때문이다. 반면 김연아 선수는 달려오던 스피드를 그대로 살려 점프한다. 연기의 흐름이 끊기지 않는 것은 물론, 비거리가 늘어나 점프의 스케일이 훨씬 커져 보인다.

반면 점프의 정확성은 토크(torque)를 이용하는 타이밍에 달려 있다. 토크란 물체를 회전시키는 힘을 의미한다. 점프하는 순간에는 팔을 최대한 벌려야 토크를 얻을 수 있다. 스케이트 날이 빙판에서 떨어지는 순간 팔을 몸에 붙이면 회전이 빨라진다. 착지할 때는 다시 팔을 벌려 회전 속도를 줄이며 균형을 잡는다. 이 모든 과정이 1초 내에 이뤄진다. 반복 연습을 통해 몸으로 숙달시키는 수밖에 없다.

보통 선수는 1년 동안 한 가지 점프를 익힌다. 초등학교 시절 김연아 선수를 가르쳤던 신혜숙 코치에 따르면 김연아 선수는 엑셀을 제외한 5가지 트리플 점프를 1년 반 만에 마스터했다. 김연아 선수의 점프에 대한 감각은 상당 부분 타고났음이 분명하다.

: : 남자의 쿼드, 여자의 트리플-트리플

특급 선수는 남들이 좀처럼 구사할 수 없는 '필살기'를 갖고 있기 마련이다. 위험은 따르지만 높은 배점을 받을 수 있어 전세를 단번에 뒤집을 수 있다. 모든 피겨 선수가 갖고 싶어 하는 필살기는 뭘까? 남자 선수는 쿼드, 여자 선수는 트리플-트리플 콤비네이션이다.

역사상 쿼드 점프를 가장 잘 뛰는 선수인 미국의 티모시 게이블 선수는 "여자에게 있어 트리플-트리플 콤비네이션과 남자에게 있어 트리플 악셀, 쿼드는 다른 트리플이 진화한 것이 아니라 완전히 별개의 존재다. 훈련으로는 어떻게 해 볼 도리가 없고 특별한 재능이 필요하다"고 말했다.

이런 필살기를 구사하려면 특별한 감각에 스피드와 점프력은 기본이고, 적절한 신체 조건도 필요하다. 키가 너무 커서는 안 되며, 체형은 마르고, 체지방률은 4% 이하, 엉덩이와 어깨는 좁아야 한다. 어깨가 넓은 선수는 회전수를 늘리는 데 불리하다.

남자 선수 중에서도 쿼드 점프를 실전에서 구사할 줄 아는 사람은 손에 꼽는다. 4대륙 대회 남자싱글 우승자인 캐나다의 패트릭 챈 선수도 쿼드 점프 없이 우승했을 정도. 여자 선수로는 일본의 안도 미키 선수가 전성기 시절 쿼드 살코를 뛴 것이 유일하다. 쿼드 악셀은 아직 나오지 않았다.

김연아 선수는 기본 점수 9.5의 '트리플 플립+트리플 토루프'와 8.8점의 '트리플 러츠+더블 토루프+더블 루프'의 콤비네이션을 완벽하게 구사할 수 있다. 화제성은 아사다 마오 선수의 트리플 악셀보다 적을지 모르지만 기본 점수는 더 높다.

전문가들은 김연아 선수의 기본기가 탄탄하고, 표현력도 뛰어나 가장 유력한 우승후보로 꼽는다. 자신의 장점을 더 갈고 닦아 2010년 벤쿠버 동계올림픽에서 우리나라 최초로 피겨 부분 금메달 소식을 들려주기를 기대한다.

인간 한계에 도전하는 스포츠 06
금단의 유혹, 운동선수와 약물

2007년 8월 미국 메이저리그의 역사를 새로 쓰는 사건이 벌어졌다. 배리 본즈 선수가 행크 아론 선수가 세운 통산 홈런 기록 755개를 깨고 756번째 홈런을 친 것이다. 그런데 떠들썩해야 마땅할 언론의 반응이 미지근했다. 오히려 스포츠전문채널 ESPN은 야구 전문가 7명의 반응을 내보내 "대기록은 인정하나 위대함은 없다"고 평가절하했다.

배리 본즈의 기록이 이처럼 냉대를 받는 이유는 그의 홈런이 스테로이드를 복용해 만든 '약물 홈런'이라는 의심 때문이다. 88서울올림픽에서 캐나다 육상선수 벤 존슨이 약물복용(도핑, Doping)으로 금메달을 박탈당한 사건 이후로 운동선수의 약물 복용 사건은 잊을 만하면 한번씩 등장하는 이슈다. 홈런 기록의 가치에 대한 논쟁은 뒤로 하고 운동선수의 도핑에 대해 알아보자.

:: 근육 키우는 스테로이드

도핑이란 운동선수의 신체 능력을 향상시키기 위해 약물을 복용하는 행위를 말한다. 운동선수에게 도핑의 유혹은 늘 존재한다. 미국의 한 스포츠 잡지가 국가대표 육상선수를 대상으로 '이 약을 복용하면 확실히 금메달을 딸 수 있는 대신 부작용으로 7년 뒤 사망한다. 당신은 복용할 것인가?' 라는 설문조사를 했는데 놀랍게도 80%의 선수들이 복용하겠다고 답했다고 한다. 오랜 시간 땀의 대가를 지불해야 하는 만큼 약물의 유혹도 크다는 얘기다.

운동선수들이 가장 많이 쓰는 약물은 아나볼릭 스테로이드다. 아나볼릭 스테로이드는 남성호르몬과 비슷한 유사체로 단백질 합성을 촉진하기 때문에 근육을 빨리 만들 수 있다. 이 때문에 많은 운동선수와 보디빌더들이 단기간 몸을 만들기 위해 복용한다. 근육을 늘리는 효과 외에도 에너지 대사 속도를 높여서 단시간에 폭발적인 힘을 발휘하게 해준다. 또 적혈구 숫자를 늘려서 산소를 더 많이 쓸 수 있게 해 결과적으로 운동 능력을 비약적으로 향상시킨다.

아나볼릭 스테로이드의 분자 구조를 조금 바꾼 디자이너 스테로이드도 있다. 배리 본즈가 복용한 약물은 테트라 하이드로 게스트리논(THG)이라는 디자이너 스테로이드로 알려져 있다. 간단히 말해서 아나볼릭 스테로이드와 같은 효과를 내면서도 구조를 바꿔 도핑 검사에 잘 걸리지 않도록 한 것이다.

::: 종목 따라 약물도 달라져

혈압강하제도 특정 운동선수에게는 큰 도움을 준다. 말 그대로 혈압을 낮추는 역할을 한다. 저혈압이 운동 능력 향상과 무슨 상관이 있겠냐고 하겠지만 손 떨림을 줄여 주기 때문에 사격, 양궁 같은 경기에서 매우 유리해진다. 이 외에도 격투기 같은 체급별 운동에서 체중을 줄이기 위해 이뇨제를 쓰기도 하는데 역시 금지 약물이다.

최근 유행하는 약물은 에리스로포이에틴(EPO)과 성장호르몬이다. EPO는 신장에서 생산되는 당단백질 호르몬으로 적혈구 생성을 촉진한다. 적혈구가 늘어나면 산소를 더 많이 흡수할 수 있기 때문에 지구력이 좋아진다. 마라톤, 자전거 경주, 철인 3종 경기 같이 지구력을 요하는 선수들이 많이 복용한다.

성장호르몬은 원래 대뇌 밑에 위치한 뇌하수체 전엽에서 분비되는 단백질 호르몬이다. 뼈를 성장시키고 대사를 촉진한다. 근육을 자라게 하는데 도움을 주기 때문에 스테로이드의 대체 약물로 쓰인다. 성장호르몬은 도핑 검사로도 찾기 힘들다. 원래 인체에서 극소량 분비되는 호르몬인데다 1시간만 지나면 분해되기 때문이다.

앞으로는 유전자 조작이 새로운 도핑이 될 가능성이 있다. 예를 들어 근육을 만드는 유전자를 세포에 주입하면 근력이 비약적으로 향상될 수 있기 때문이다. 영국의 과학저널 《네이처》는 베이징올림픽에서 육상과 사이클 종목에 유전자 조작 선수가 등장할지 모른다고 언급한 적이 있다. 이쯤 되면 스포츠 정신이 무색해지는 순간이다.

:: 약물 금지는 선수 본인 위한 것

 현재 국제 스포츠 기구는 약 200종 이상의 금지 약물 목록을 정하고 엄격하게 규제하고 있다. 도핑 검사 기술도 나날이 발전해 아무리 교묘하게 조작된 약물도 대부분 발각된다. 이렇게 약물 복용을 엄격히 금지하는 이유는 스포츠 공정성을 위해서기도 하지만 이에 앞서 선수 본인을 위해서다. 스테로이드는 장기간 복용할 경우 심혈관계에 무리를 줘 심할 경우 생명까지 앗아갈 수 있다. 또 도핑 검사를 피하기 위해 만든 최신 약물일수록 부작용이 알려져 있지 않아 더 위험하다.

 88서울올림픽 MVP이자 아직까지도 깨지지 않고 있는 여자 100m 세계기록 보유자인 미국 육상 선수 그리피스 조이너는 금메달을 수상한 지 10년 뒤인 1998년 사망했다. 그녀의 사인을 조사한 사람들은 그리피스 조이너가 당시 도핑 검사에 걸리지 않는 최신 약물을 복용한 것으로 추정하고 있다.

 심지어 동유럽 국가들에는 현재 스포츠 코치, 감독직을 맡을 50대가 없다는 말이 있을 정도다. 약물 부작용으로 1960~1970년대 뛰었던 선수들이 일찍 죽었기 때문이다.

 물론 약물의 힘을 빌리지 않고 순수한 노력만으로 뛰어난 성과를

내는 운동선수들이 더 많다는 건 분명하다. 운동선수가 만들어 낸 신기록이 아름답고 감동적인 이유는 그 숫자가 아니라 그 속에 담긴 오랜 땀방울 때문이 아닐까. 선수와 코치가 이 금단의 유혹을 떨치고 정정당당하게 경쟁해 오래도록 바래지 않는 감동을 선사해 주길 바란다.

# 도시락 다섯
신기한 생태계

신기한 생태계 01
개구리가 보는 세상은 온통 회색!

흔히 '보는 만큼 안다'고 한다. 보는 능력이 생각의 폭을 결정한다는 말이다. 사람이 얻는 정보 중에 눈을 통한 것이 80%라고 하니 사람의 감각기관 중 눈만큼 중요한 것은 없다고 봐도 무방할 듯싶다. 사람의 눈은 무려 1만 7천 가지 색을 구분하고 1km 떨어진 거리에서 촛불의 1천 분의 1밖에 안 되는 빛까지도 감지할 수 있다.

그러나 이렇게 대단한 사람의 눈도 0.4~$0.75\mu m$ 크기 이상의 파장으로 만들어지는 빛이 망막에 맺힌 상을 볼 뿐이다. 즉 보이는 것이 세상의 전부인 양 생각하겠지만 이는 세상의 극히 일부일 뿐이라는 것이다. 반면 동물의 눈은 사람과 다르다. 보는 것이 다르니 느끼는 세상도 달라진다. 과연 동물은 어떤 세상을 보며 살고 있을까?

:: 최고의 시력은 매

하늘을 날며 세상을 둘러보는 새는 사람보다 색채가 풍부하고, 넓고, 또렷한 세상을 본다. 새의 머리에서 뇌가 차지하는 비율은 낮지만 눈이 차지하는 비율은 상대적으로 매우 높다. 새 중에서 육식조류가 가장 좋은 시력을 갖고 있는데 공중에서 땅을 내려다보며 재빠르게 움직이는 동물을 사냥하려면 날카로운 시력이 필수이기 때문이다. 가장 시력이 뛰어난 것으로 알려진 매는 사람보다 4~8배나 멀리 볼 수 있다.

매의 눈이 좋은 이유는 물체의 상이 맺히는 황반이라는 부분에 시세포가 집중적으로 분포하기 때문이다. 매의 황반에는 사람보다 5배 더 많은 시세포가 존재한다. 게다가 매는 황반이 두 개다. 매가 사람보다 훨씬 넓은 영역을 보는데, 정면을 응시할 때 사용하는 황반과 좌우를 폭넓게 볼 때 사용하는 황반이 있기 때문이다. 일반적으로 포유류에서 눈이 얼굴의 옆에 달린 초식동물은 넓게 보고, 눈이 얼굴의 정면에 달린 육식동물은 목표물을 집중해서 정확히 보는 장점을 가졌는데 매의 눈은 이 둘의 장점을 모두 가졌다.

하지만 매의 눈에도 단점은 있다. 어두운 곳에서는 거의 아무 것도 볼 수 없다. 시세포 중에 밝은 곳에서 작동하는 원추세포만 많고 어두운 곳에서 작동하는 간상세포가 거의 없기 때문이다.

:: 포유류는 대부분 색깔 구별 못해

포유류가 바라보는 세상은 어떨까? 영장류를 제외한 대부분의 포유류는 색깔을 잘 구별하지 못한다. 대표적으로 사람과 가장 가까운 개가 그렇다. 개가 보는 세상을 이해하려면 지상에서 50cm 정도로 얼굴을 낮추고 특수 안경을 끼었다고 생각하면 된다. 이 특수 안경은 색구별이 잘 안 되는 필터를 달고 있고 30~60cm 거리는 초점이 잘 안 맞도록 하는 안경이다. 거의 흑백에 가깝고 가까운 주변은 뿌옇게 보여 물건을 정확히 잡기 힘들 것이다.

그러나 많은 이들이 오해하는 것처럼 개가 색을 전혀 구별하지 못하는 건 아니다. '빨강-주황-초록'과 '파랑-보라'를 함께 인식한다. 즉 빨강과 파랑은 구별하지만 빨강과 노랑은 구별하지 못한다는 얘기다. 사실 개가 보는 세계는 시각과 후각이 섞인 세계다. 우리가 생김새로 사람을 구별하듯 개는 냄새로 사람을 구별한다. 시각에 대부분의 감각을 의존하는 사람이 개가 보는 세계를 이해하기란 쉽지 않다.

고양이는 밤에 사람보다 훨씬 밝은 세상을 본다. 밝은 곳에서 본 고양이 눈의 눈동자는 세로로 길쭉하지만 어두운 곳에서는 활짝 열린다. 밤이 되면 카메라의 조리개를 열어 빛을 많이 받아들이듯 고양이 눈은 밤에 사람보다 더 많은 빛을 받아들일 수 있다.

게다가 상이 맺히는 망막 뒤에 거울 같은 반사막이 있다. 미처 흡수하지 못한 빛까지 다시 흡수하기 위해서다. 집에 거울을 많이 달아 놓으면 집이 환해지는 것과 같은 이치다. 이 때문에 어둠 속에서 고양이 눈이 빛나는 것이다. 어두운 곳에서 고양이의 시력은 사람보다 수십 배 높다.

:: 귀로 보는 박쥐, 적외선 보는 뱀

고양이처럼 어둠에 특화된 눈을 갖지는 못했지만 다른 방식으로 어둠을 보는 동물도 있다. 바로 초음파로 세상을 보는 박쥐다. 사실 이 능력은 시력이라기보다는 청력이지만 박쥐의 세상에서는 시력 이상의 역할을 차지한다. 놀라운 것은 초음파를 만들어 내는 능력이 아니라 자신이 만든 초음파를 구별하는 능력이다.

박쥐가 사는 동굴에는 적게는 수백에서 많게는 수천 마리의 박쥐가 있다. 모든 박쥐가 초음파를 내서 어둠 속에서도 사물을 구분하는 가운데 박쥐는 자신이 만든 초음파를 정확히 구별해 낸다. 다른 박쥐가 만든 소리를 듣고 착각하는 일이 없다는 얘기다. 수많은 음파의 반사로 그려진 세상이 바로 박쥐가 보는 세상이다.

포유류 동물보다 하등한 파충류, 양서류 등이 보는 세상은 어떨까? 파충류 중에서 뱀은 아주 특별한 시력을 갖고 있다. 뱀은 사람이 볼 수 없는 적외선까지 본다. TV에서 특수부대가 테러범을 제압하기 위해 적외선 고글을 끼고 작전에 투입되는 장면을 봤을 것이다. 뱀이 보는 세상은 이와 비슷하다. 뱀의 눈 아래 있는 구멍에 골레이세포(golay cell)이라는 특수한 신경세포가 적외선을 감지한다.

양서류인 개구리가 보는 세상은 더 이채롭다. 개구리는 온통 회색으로 뒤덮인 세상을 본다. 개구리의 눈은 움직이지 않기 때문에 움직이는 사물만 인식한다. 이것은 처음 들어간 빛은 개구리의 시세포를 자극해 인지되지만 계속 비춰지는 빛, 즉 움직이지 않는 것은 인식하지 못하기 때문이다. 코앞에 파리가 앉아 있어도 알아챌 수 없다. 그러나 일단 파리가 움직이면 개구리가 보는 회색 세상에 움직이는 것은 파리뿐이다. 개구리는 꼭 필요한 것만 보는 셈이다.

모든 동물은 각자 자신이 처한 환경에 꼭 맞는 세상을 보는 눈을 갖고 있다. 다른 동물이 세상을 어떻게 보는지 알게 되니 동물의 세상을 인간 세상에 억지로 끼워 맞춰서는 이해할 수 없겠다는 생각이 든다. 사람 사는 세상에서도 눈높이를 맞추면 상대방의 생각을 더 잘 이해할 수 있지 않을까.

신기한 생태계 02

나도 최면술사 "닭아, 잠들어라!"

최면술사가 줄에 매달린 시계를 가져와 눈앞에서 천천히 흔들어 댄다. "당신은 이제 편안해집니다." 대상자의 눈이 스르륵 감긴다. TV에서 연예인들을 대상으로 하는 최면 시술 장면이다. 인터넷에는 "당신은 최면에 잘 걸리는 타입인가?"라는 문구로 최면지수를 테스트하는 사이트도 있다. 최면의 효과나 해석에는 신뢰할 수 없는 구석이 많지만, 어쨌든 사람이 최면에 걸릴 수 있다는 건 분명해 보인다.

'흔들리는 시계'에 대한 인식이 강하게 박혀서인지 최면은 고등 사고를 할 줄 아는 인간만 걸린다고 생각

하기 쉽다. 그러나 동물도 최면에 걸린다. 최면에 걸린 동물은 꼼짝달싹 못하거나 깊은 잠에 빠져들기도 한다. 그 범위도 다양해서 포유동물은 물론이고 문어, 갑각류, 전갈, 곤충, 불가사리 등 다양한 동물에서 일어난다. 재미있는 몇 가지 사례를 들어보자.

:: 하등동물 "문질러라!"

동물최면 중에 가장 잘 알려진 사례는 개구리다. KBS 교양방송 〈스펀지〉에 별 5개의 지식으로 소개돼 유명세를 탔다. 개구리를 뒤집어놓고 배를 살살 문지르면 개구리는 잠에 빠진다. 골쉬라는 의사가 관찰한 바에 따르면 개구리 배를 손가락으로 가볍게 두드리거나 개구리 위에서 '딱~ 딱~' 하고 손가락을 반복적으로 튕겨 소리를 내도 잠들었다.

개구리의 배를 문지르면 잠든다는 사실은 개구리를 잡으며 놀던 과거에는 누구나 아는 상식이었다고 한다. 배를 문지르면 왜 잠이 드는지는 정확히 알려져 있지 않지만 근육을 이완하는 신경이 배에 있기 때문일 것으로 추정된다. 잠든 개구리는 손가락으로 톡톡 쳐 자극을 주면 깨어난다.

파충류 이구아나는 배가 아니라 이마를 문지르면 잠이 든다. 정확히는 이마와 눈 사이에 있는 송과선이란 부위를 문지르면 잠이 든다. 송과선은 이구아나가 밤과 낮을 구분할 때 쓰는 기관이다. 송과선을 문지르면 밤낮에 혼란이 찾아와서 이구아나가 잠든다고 알려져 있다. 재밌는 사실은 한번 잠든 이구아나는 시끄러운 괘종시계가 울려도 깨어나지 않는다는 것이다. 대신 손가락으로 건드려 자극을 주면 깨어난다.

최면과 전혀 상관없을 것 같은 갑각류도 최면에 걸린다. 날카로운 집게로 위협하는 게를 다루기란 쉬운 일이 아니다. 그때 최면이 유용하게 사용될 수 있다. 게의 등껍질을 머리부터 꼬리 방향으로 천천히 쓰다듬는 것이다. 게의 움직임이 느려지다가 결국 멈춘다. 최면에 걸린 것이다. 다시 깨어나는 방법도 간단하다. 이번에는 꼬리에서 머리 방향으로 문지르면 된다.

:: 고등동물 "흔들어라!"

새도 최면에 걸린다. 대표적인 예는 닭이다. 다니엘 슈벤터라는 수학자는 휘어진 조그만 나무토막을 닭의 부리에 묶어 최면에 걸리게 했다고 한다. 이렇게 하면 닭은 부리에 묶인 나무토막에 시선을 집중하게 되는데 몇 분이 지나면 최면 상태에 빠져 움직이지 않는다. 땅에 분필로 선을 긋고 그 지점에 닭의 부리를 땅에 대도 같은 효과를 볼 수 있다. 땅에 그은 선에 닭이 집중하기 때문이다.

닭은 다른 방법으로도 최면에 걸린다. 바로 닭의 머리를 날갯죽지에 파묻고 천천히 흔들어 주는 것이다. 이 방법은 아타나시우스 키르테라는 수도승이 알아냈다. 프랑스의 농부들은 지금도 시장에서 살아 있는 닭을 살 때 이 방법을 사용한다. 모든 새에 공통적으로 적용되지는 않지만 타조도 같은 방법으로 최면에 걸린다는 보고가 있다.

최면현상은 포유류에서도 나타난다. 얼마 전 미국의 한 토끼 애호가가 토끼 최면법을 알아냈다고 인터넷에 공개해 화제가 됐던 적이 있다. 토끼 배가 위로 향하도록 안은 뒤 흔들면서 귀를 쓰다듬으면 토끼가 잠든다는 것이다. 그는 토끼에게 약을 먹이거나 발톱을 손질할 때 이 방법을 쓴다고 했다.

그런데 사실 이 방법은 오래전부터 토끼 애호가 사이에서 공인받은 방법이었다. 미국 수의사 매튜 존스톤은 자기도 토끼 응급 치료를 할 때 자주 사용한다면서 "이 방법을 쓸 때는 토끼를 길이 방향으로 흔들어야지 직각 방향으로 흔들어서는 효과가 없다"고 했다.

:: 동물최면은 중추신경 흥분의 결과

이런 동물최면은 왜 일어날까? 정확한 메커니즘은 알려져 있지 않지만 몇 가지 추측은 할 수 있다. 동물최면은 공통적으로 몸의 일부를 일정시간 동안 압박하거나 문지르거나 흔들거나 해서 일어난다. 최면에 걸린 동물은 공통적으로 수의근이 정지돼 압박을 풀어도 움직이지 못하게 된다. 뇌를 제거한 동물에서도 최면이 일어났다는 보고에 따르면 대뇌가 관여하는 사람의 최면과는 달리 중추신경의 흥분에 의한 것으로 추정된다.

아드레날린과 같은 신경전달 물질이 관여하는 경우도 있다. 새장 속의 새를 갑자기 움켜쥐거나 소리를 지르면 그 충격으로 최면에 걸린다. 예전에 참새를 잡을 때 산탄총을 쏘면 절반은 총알에 맞아서 떨어지고 절반은 소리에 놀라서 떨어졌다. 즉 충격에 의해 다량의 아드레날린이 분비돼 흥분의 정도가 지나치게 되면 몸이 굳는다는 것이다. 이는 사람이 극도의 긴장 상황에서 몸이 굳는 현상과도 일맥상통한다.

동물최면은 잘 알고 이용하면 동물을 길들일 때 유용할 수 있다. 서

커스단에서 난폭한 동물을 처음 훈련시킬 때 종종 최면을 이용한다고 한다. 그러나 초기의 난폭함이 진정된 뒤에는 최면을 사용하지 않고 조련사와 동물 사이의 신뢰를 바탕으로 훈련한다. 동물에게나 인간에게나 가장 강력한 최면법이 있다면 그것은 '사랑과 신뢰'가 아닐까?

신기한 생태계 03

'피눈물' 쏘는 뿔도마뱀의 사연

약자는 늘 서럽다. 약육강식의 법칙이 철저하게 지켜지는 동물 세계라면 더욱 그렇다. 약자들은 항상 주위를 살피며 살아야 하고 천적을 만나면 재빨리 도망가야 한다. 그러나 모든 동물이 빠른 발을 가진 것은 아니다. 느린 약자들은 강자로부터 자신을 보호하기 위해 나름대로의 방어법을 체득해야 했다.

천적의 눈에 안 띄도록 주변과 비슷하도록 몸의 색과 모양을 바꾸는 것은 가장 많은 약자들이 쓰는 방법이다. 주변 환경이 아니라 힘센 동물과 비슷하게 꾸며 속이는 것도 있다. 연기력을 한껏 발휘해 죽은 척했다가 재빨리 달아나기도 한다. 그러나 누구나 쓰는 방법 대신 독특하고 창의적인 전략으로 생존을 이어가는 동물들도 있다.

:: 꼬리 떼 주는 도마뱀

어떤 동물들은 스스로 자기 몸을 해치는 '자해(自害)'를 통해 자신을 방어한다. 도마뱀이 대표적인 예다. 가장 무서운 천적인 뱀은 머리부터 꼬리까지 다 합해야 10cm 길이에 불과한 도마뱀을 즐겨 먹는다. 도마뱀은 뱀을 만나자마자 줄행랑을 놓지만 쉽게 도망칠 수 있을 만큼 만만한 상대가 아니다. 도마뱀은 도저히 도망칠 수 없는 상황에 다다르면 자신의 꼬리를 뚝 떼어 낸다. 뱀이 떨어진 꼬리를 먹는 동안 도망갈 시간을 버는 것이다.

이 작전은 심지어 뱀에 붙잡혀 있는 경우에도 유용하다. 도마뱀은 꼬리를 뱀에게 내민 채 살랑살랑 흔들어 댄다. 뱀이 유혹에 못 이겨 꼬리를 덥석 무는 순간 도마뱀은 꼬리를 확 떼어 버린다. 뱀이 떨어진 꼬리에 놀라 방심한 사이 줄행랑을 치는 것이다. 떨어진 꼬리는 잠시 동안 살아 있는 것처럼 요동치기 때문에 뱀은 꼬리를 꽉 무느라 도망치는 도마뱀에 신경을 쓰지 못한다.

도마뱀의 꼬리에는 자절면이라 부르는 끊어지는 부위가 있다. 이 덕에 도마뱀은 마음 먹은대로 꼬리를 떼어 낼 수 있다. 꼬리가 떨어진 자리에는 새 꼬리가 돋아난다. 단 이 방법은 도마뱀의 일생 동안 단 한 번만 사용할 수 있다. 목숨을 구하기 위해서지만 도마뱀도 꼬리를 떼어 낼 때는 큰 값을 지불한다.

:: 피눈물 쏘는 뿔도마뱀
도마뱀의 친척인 북아메리카 서부 지역에 사는 뿔도마뱀(*Phrynosoma*)은 좀 더 황당하고 대범한 자해전략을 쓴다. 뿔도마뱀의 길이는 6~10cm로 도마뱀과 비슷하지만 꼬리가 짧고 두꺼비처럼 몸이 통통하다.

뿔도마뱀은 자신을 보호하기 위해 피눈물을 쏜다.

머리와 등에 뾰족한 뿔이 나 있어 뿔도마뱀이라고 부른다.

뿔도마뱀은 천적을 만나면 먼저 이 뿔을 흔들어 위협한다. 뾰족한 뿔이 달려 있으니 먹으면 입 안에 상처가 날 거라고 위협하는 것이다. 그래도 적이 물러나지 않으면 최후의 수단을 동원한다. 뿔도마뱀은 피눈물을 상대방에게 뿌린다. 피눈물은 1m 가까이 날아가는데 대부분의 천적들은 이 황당한 장면에 놀라 달아난다.

사실 정확히 말하면 피눈물이 아니라 눈에 있는 작은 구멍에서 피를 뿜는 것이다. 뿔도마뱀이 천적을 만나면 머리의 혈압이 높아지는데 이때 눈 근처의 실핏줄은 탱탱해져 터지기 직전이 된다. 뿔도마뱀이 눈을 감는 순간 핏줄이 터지고 이 피를 작은 구멍에 모아서 단번에 쏘는 것이다. 실핏줄은 쉽게 아물기 때문에 뿔도마뱀은 별 탈 없이 생활할 수 있다.

:: 죽음에 이르는 방귀, 스컹크

'더러운 무기'로 방어 전략을 구축하는 동물도 있다. 비인도적이고 비겁하다 할지 모르지만 살기 위해서는 어쩔 수 없다. 스컹크가 뿜는 독방귀가 대표적이다. 족제비처럼 생긴 스컹크는 초원에서 눈에 확 띄는 검은색 몸에 흰 줄무늬를 가졌고 걸음도 매우 느리다. 그러나 그 어떤 동물도 스컹크를 잡아먹을 생각을 못한다.

스컹크의 방귀는 3~4m까지 뿜어져 나가며 2m 내에서는 정확히 조준해 쏠 수 있다. 미국 공기청정기 업체가 선정한 가장 고약한 악취 1위인 스컹크의 방귀 냄새를 맡은 동물은 숨이 턱탁 막히고 눈앞이 흐려진다. 스컹크가 유유히 사라진 다음에도 냄새는 며칠 동안 없어지지 않는다.

:: '똥폭탄'으로 응징하는 괭이갈매기

또 다른 더러운 무기의 소유자 괭이갈매기는 배설물로 자신을 방어한다. 고양이가 우는 소리와 비슷한 소리를 내서 괭이갈매기라는 이름을 갖게 됐다. 괭이갈매기는 평소 흩어져 살다가 번식기가 되면 외딴 바위섬에 수천 마리가 몰려들어 함께 산다. 바위섬이 괭이갈매기로 가득 차는 것이다.

독수리나 매 같은 육식조류는 종종 다른 조류의 둥지를 공격하는데 만약 이들이 괭이갈매기의 둥지를 건드릴 생각이라면 그야말로 목숨을 걸어야 할지 모른다. 적을 발견한 괭이갈매기는 크게 울어 다른 갈매기들에게 침입을 알린다. 그러면 그 섬에 있는 괭이갈매기는 일제히 날아올라 적을 향해 '똥폭탄'을 갈긴다.

수백 개의 똥폭탄 세례를 맞은 육식조류는 제대로 날 수가 없다. 끈적거리는 똥이 날개를 뒤덮어 날개가 제 구실을 할 수 없기 때문이다. 추락하든지, 가까스로 착륙했다 하더라도 괭이갈매기 떼의 등쌀을 견딜 수 없게 된다. 번식기의 괭이갈매기는 그 어떤 적도 건드릴 수 없는 '조폭'에 가깝다.

'자해'든 '더러운 무기'든 이 모든 방법은 동물들이 살아남기 위해 안간힘을 짜낸 결과다. 방법이야 어떻든 살기 위해 치열하게 노력하는 모습은 멋지다. 살아남기 위한 안간힘이야말로 오랜 옛날 가장 약했던 인간을 오늘날 지구에서 가장 강력한 존재로 만든 원동력이기 때문이다.

신기한 생태계 04
소금호수 속 스피루리나가 지구 살린다?

최근 과학기술계 최대 이슈는 '지구온난화'다. 지구온난화의 주범으로 지목받는 것은 이산화탄소. 이산화탄소를 줄이기 위한 여러 방법들이 제시되고 있다. 그 중 하나가 스피루리나(spirulina)를 이용하는 방법이다.

스피루리나란 이름은 '나선형처럼 꼬인 생물'이란 뜻이다. 실제 현미경으로 들여다보면 스피루리나는 지름 $8\mu m$, 길이 $300 \sim 500\mu m$의 용수철 모양이다.

분류학상으로 스피루리나는 남조류에 속하는데, 물속에 떠다니는 미세조류의 일종이다. 겉모습은 세균과 비슷하지만 엽록소a를 갖고 있어 고등식물의 성질을 갖고 있다.

:: 고단백 완전식품 스피루리나

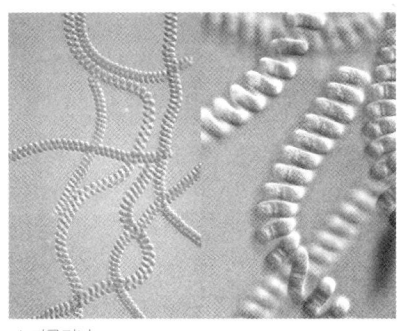
스피루리나

처음에 스피루리나는 영양분이 많아 주목받았다. 스피루리나의 구성성분 중 무려 60~70%가 단백질이다. 흔히 단백질이 많다고 여기는 쇠고기가 19%, 콩이 40% 정도인 것과 비교할 때 엄청난 수치다. 이처럼 단백질이 함량이 높은 이유는 스피루리나에게 공기 중의 질소를 붙잡아 저장할 수 있는 능력이 있기 때문이다. 단백질의 구성성분인 아미노산을 만들려면 질소가 필수다.

고등식물은 공기 중의 질소를 붙잡는 능력이 없다. 작물을 키울 때 질소 비료를 따로 넣어 줘야 하는 이유다. 특이하게도 콩은 고등식물이지만 공생하는 뿌리혹박테리아의 도움을 받아 공기 중의 질소를 붙잡을 수 있다. 스피루리나에는 뿌리혹박테리아처럼 공기 중의 질소를 붙잡는 효소가 있다.

스피루리나에는 단백질 외에도 식물성 지방산, 비타민을 비롯해 많은 항산화물질이 있다. 항산화물질을 섭취하면 활성산소의 독성을 줄일 수 있다. UN식량농업기구는 스피루리나의 높은 영양에 주목해 미래의 식품으로 지정했으며 클로렐라에 이어 우주 식량으로 개발 중이다.

:: 지구온난화의 해결사

최근 스피루리나는 온난화의 주범인 이산화탄소를 줄이는 역할로도 주목받고 있다. 흔히 이산화탄소를 줄인다고 하면 울창한 숲을 생각하지만 이보다 더 효과적인 것은 미세조류다. 예를 들어 열대우림 $1m^2$는 연간 15~20톤의 이산화탄소를 흡수하지만 같은 면적의 미세조류는 30~40톤을 흡수한다. 스피루리나 같은 미세조류가 온난화의 해결책으로 주목받는 이유다.

과학자들은 스피루리나 같은 남조류가 35억 년 전 지구가 이산화탄소로 덮여 다른 생물이 살지 못할 때부터 있었다고 추정한다. 스피루리나는 대기 중에 가득한 이산화탄소를 빨아들이고 광합성을 통해 산소를 뿜어냈다. 스피루리나의 활약 덕분에 지구가 지금과 같이 생물이 살 수 있는 환경이 만들어졌다는 것이다.

실제로 스피루리나는 매우 혹독한 환경에서 자란다. 스피루리나는 40℃의 고온, 바닷물보다 6~7배나 더 짠 염분이 높은 호수, pH9~11의 강알칼리성 환경에서도 잘 자란다.

최근 한국생명공학연구원 오희목 박사팀은 (주)푸로바이오닉과 공동으로 이산화탄소를 빨아들이는 능력이 13% 향상된 스피루리나를 개발했다. 오 박사팀은 자연 상태의 스피루리나에 돌연변이를 일으켜 이산화탄소를 많이 소비하는 스피루리나를 골라냈다. 또 이 개량된 스피루리나를 대량으로 배양하는 방법을 찾아냈다. 현재 가능한 규모는 7톤 정도. 배양된 스피루리나는 채집해서 기능성 사료로 쓸 수 있다.

아직 이 정도의 규모로는 대기 중의 이산화탄소를 획기적으로 줄이지 못하나 제품을 생산하는 공정에서 오히려 이산화탄소가 줄어들었다는 데 의의가 있다. 앞으로 유전자 조작을 통해 이산화탄소 흡수율이 더 향상된 스피루리나를 개발할 예정이다. 개량된 스피루리나는 현재 국내특허로 등록되어 있고 PCT 국제특허에 출원 중이다.

지구 온난화를 막기 위해서는 이산화탄소 발생 자체를 줄여야 하지만 이미 대기 중에 흩어진 이산화탄소도 잡아들여야 한다. 이를 위해서는 스피루리나와 같은 미세조류의 역할이 절대적이다. 오래 전 지구에 생명체가 늘어나는 데 '선발 투수' 역할을 했던 스피루리나가 이제 온난화 문제에서 지구를 구할 '구원 투수'로 다시 등판하게 될지도 모른다.

신기한 생태계 05

알렉산더 대왕의 살인자, 모기?

■ 퀴즈
모기가 빠는 피의 최대량은 모기 몸무게의 □배이다. (정답은 글 마지막에)

"웨엥~!"

잠결에 귀에 익은 소리가 들리지만 졸린 몸을 일으키기 싫어 그냥 무시한다. 1분이 넘도록 들리던 소리가 갑자기 뚝 멈춘다. 왠지 발끝이 간질간질한 느낌! 도저히 참지 못하고 소리를 지르며 일어난다. 모기와의 전쟁이다.

인류와 모기의 전쟁은 오랜 역사를 가지고 있다. 그리고 인류는 그 전쟁에서 번번이 패배를 경험했다. 그 중 가장 유명한 것은 1881년 시작된 파나마 운하 건설이 모기로 인해 중단된 사건이다. 모기에 물린 노동자들이 말라리아에 걸려 1,200여 명이 사망했고 공사는 1884년 중단됐다. 기원전 2세기 대제국을 건설한 알렉산더 대왕 역시 모기에 물려 말라리아로 죽었다는 설도 있으니 모기가 인류 역사에 미친 영향은 이만저만이 아니다.

 모기는 엄청난 생존력과 번식력의 소유자이다. 모기는 젖은 물바닥 정도의 깊이만 되면 알을 낳아 번식하고 한 개체의 순환 주기가 매우 빠르다. 모기의 한 종류인 사막모기는 낳은 알이 성충이 되어 다시 알을 낳기까지 고작 일주일밖에 안 걸린다. 이렇게 대단한 모기를 어찌 대처해야 좋을까?

::고전적인 모기 퇴치법

 가장 좋은 모기 퇴치법은 유충 시기에 박멸하는 것이다. 모기 활동 반경은 약 1km 이내이기 때문에 모기 발생이 심한 지역에서는 관공서 차원의 방역활동을 한다. 가정에서도 마찬가지다. 주택가라면 주변의 웅덩이, 빈 깡통, 난방장치, 싱크대와 하수구 등 물이 고일 수 있는 곳을 없애는 것이 좋다. 최근에는 모기의 천적인 미꾸라지를 이용해서 모기 유충을 박멸하는 방법이 화제를 모으고 있는데 미꾸라지는 모기 유충을 하루에 약 1,100마리까지 포식한다.

 유충 박멸이 가장 근원적인 해결책이지만 정부 기관 차원에서 하는 일이고, 우리가 할 수 있는 최선은 바깥에서 집으로 들어오는 모기를 차단하는 것이다. 오래돼 틈이 벌어진 방충망은 모기의 침입에 속수무책이므로 교체해 주자. 모기는 2mm 정도의 구멍까지 몸을 비틀어 쉽게 뚫고 들어온다. 밖에 있던 모기는 주로 문가에 앉았다가 문이 열리는 순간 잽싸게 실내로 들어오는 경우가 많다. 때문에 문가에 모기약을 미리 발라 두면 문가에서 호시탐탐 기회를 엿보고 있는 모기를 미연에 퇴치할 수 있다.

모든 난관을 뚫고 집으로 들어온 모기에게는 최후의 수단인 화학

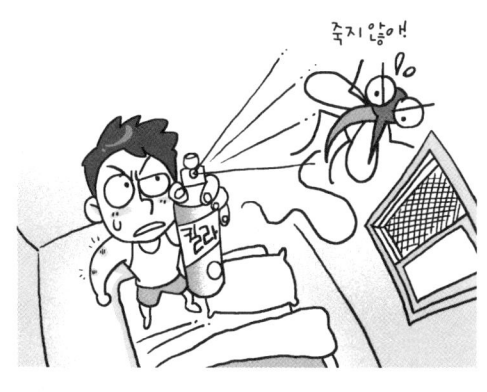

무기를 선사할 수밖에 없다. 살충제를 뿌려 모기를 잡거나, 모기향을 피워 모기를 쫓는 것이다. 일반적으로 살충제에 사용되는 피레스린이라는 화학약품에는 곤충의 정상적인 신경 작용을 방해하는 성분이 들어있다. 피레스린은 곤충의 근육을 수축시키고 다시 펴지 않게끔 마비시킨다. 날아가는 모기에 살충제를 뿌리면 몸을 떨면서 땅에 떨어지는 것이 그 때문이다. 뿌리는 살충제 이외에 모기향과 전자 모기향 등에도 이러한 살충 성분이 포함돼 있다. 이때 주의할 것은 떨어진 모기는 시체가 아니므로 살포시 눌러 확인 사살을 해줘야 후환을 막을 수 있다.

∷ 신세대 웰빙 모기 퇴치법

하지만 살충제 등은 화학약품인 탓에 어린이가 있는 집에서는 사용하기가 꺼려진다. 이런 경우에는 모기가 좋아하는 것과 싫어하는 것을 알면 살충제 사용을 최소화할 수 있다. 이른바 '웰빙 모기 퇴치'에는 어떤 것이 있을까?

주변에 보면 모기에 유독 잘 물리는 사람이 있는데 바로 모기가 좋아하는 것을 두루 갖춘 사람이다. 모기는 열과 이산화탄소와 냄새에 끌린다. 따라서 열이 많고 땀을 많이 흘리면서 호흡을 가쁘게 쉬는 사람이 모기에게 잘 물린다. 로션과 썬텐 오일 등도 모기가 좋아하는 것들로 20m 밖에서도 냄새를 맡고 접근한다고 한다. 따라서 몸을 깨끗하게 씻고 호흡을 천천히 하면 모기에 물릴 확률을 줄일 수 있다.

또 다른 방법으로는 모기가 싫어하는 것을 활용한다. 이상하게 들리겠지만 수컷모기가 내는 소리대역인 1만 2,000~1만 7,000Hz의 초음파가 암컷 모기를 쫓는다. 암컷모기는 일생에 단 한 번만 교미를 하며, 그 후로는 수컷모기를 피한다. 피를 빠는 모기는 이미 교미가 끝나고 알을 낳기 위해 동물성 단백질을 필요로 하는 암컷모기 뿐이다. 따라서 수컷모기의 소리는 사람을 공격하는 암컷 모기를 도망가게 만든다. 이를 이용해서 한동안 모기를 쫓는 컴퓨터와 휴대전화 프로그램이 유행하기도 했다.

날씨가 더워지고 비가 많이 오면서 모기도 늘어나게 됐다. 해마다 세계적으로 3억 명의 환자가 발생하고 이중 150만 명을 죽음으로 몰아가는 말라리아가 우리나라에도 발견되고 있다. 또 뇌염모기 등으로 인해 수많은 사람이 죽고 있다. 이처럼 모기 퇴치는 가려움을 피하기 위한 순간의 선택이 아닌 생존의 문제로 볼 수도 있다. 집 주변과 집 안을 깨끗하게 정리하고 소독해 가까운 모기라도 퇴치해 보는 것은 어떨까?

> ■퀴즈 답
> 6배. 보통 모기는 자기 몸무게의 2.5배의 피를 빤다. 그러나 6배까지 빠는 특이한 모기도 있다.

신기한 생태계 06

헬로, 무스 무스쿨루스!

인도에는 '마우탐(Mautam)'이라고 불리는 일종의 재해가 있다. 약 48년을 주기로 일어나는 이 재해는 주로 북동부의 미얀마 접경지역인 미조람주에서 많이 발생한다. 마우탐이 휩쓸고 지나가면 논밭은 쑥대밭이 되고 모든 '먹을 것'은 사라진다. 마우탐의 정체는 바로 쥐떼로 인해 생기는 재해다. 그리고 쥐의 해였던 2008년은 바로 그 48년째가 되는 때다.

미조람주의 농민들은 곡식을 파종할 생각조차 못하고 있다. 쥐떼가 모두 갉아먹을 거라는 두려움 때문이다. 미조람주 정부는 쥐 한 마리에 1루피(우리 돈으로 약 24원)를 주며 쥐잡기를 독려하고 있다. 지난 한 해에만 20만 마리의 쥐를 잡았지만 쥐떼의 기세는 꺾이지 않고 있다.

마우탐은 쥐의 무시무시한 번식력 때문에 생긴다. 쥐의 임신기간은 20일 정도이고, 한번에 7~10마리의 새끼를 낳는다. 태어난 새끼는 한 달만 지나면 임신할 수 있을 정도로 자란다. 쥐는 먹이만 풍부하다면 매달 새끼를 낳는다. 만약 쥐가 매달 꼬박꼬박 4마리의 암컷과 4마리의 수컷을 낳고, 이들이 계속 번식하면 한 쌍의 쥐는 일 년 뒤 이론적으로 420만 마리로 불어난다. 포유류 중에서 단연 최고다.

사실 쥐에 대한 인식은 일반적으로 매우 부정적이다. 엄청난 번식력으로 식량을 축내기 때문이다. 게다가 요즘에는 쥐가 흑사병, 유행성 출혈열 같은 각종 전염병을 매개한다는 사실까지 알려져 쥐에 대한 부정적인 인식을 한층 더하게 했다. 하지만 쥐라고 다 같은 쥐는 아니다.

:: 생쥐, 생물학을 발전시키다

영어권에서는 쥐를 래트(rat)와 마우스(mouse)로 구분해서 쓴다. 둘 다 생김새는 비슷하지만 덩치는 래트가 훨씬 크다. 마우탐을 일으키는 쥐, 시궁창에서 나타나 소리를 지르며 책상 위로 올라가게 하는 쥐는 모두 래트다. 이에 반해 마우스는 손바닥 위에 올려놓을 수 있는 작은 쥐다. 흔히 생쥐라고 표현하는 쥐로 애완용으로 키우기도 한다.

이 마우스의 학명이 무스 무스쿨루스(*Mus Musculus*)다. 무스 무스쿨루스는 지난 100년 동안 생물학자들의 사랑을 듬뿍 받으며 생물학의 발전에 지대한 공헌을 해 왔다. 생쥐는 그동안 실험 재료로 많이 쓰였던 대장균이나 초파리와 달리 인간과 80%의 유전자를 공유하는 포유류다. 게다가 싸고, 작고, 새끼를 많이 낳고, 세대가 짧고, 기르기 쉬운 등 실험재료로 갖춰야 할 조건을 두루 갖췄다.

1909년 생물학자 클라렌스 쿡 리틀은 생쥐를 근친교배 시켜 최초로 DBA(Dilute Brown non-Agouti)라는 종을 개발했다. 몇 개월 동안 한 배의 새끼 간의 교배를 통해 얻은 밝은 갈색의 생쥐였다. 그가 이 같은 생쥐를 만든 이유는 멘델이 실험 전에 유전적으로 균일한 콩을 만든 것같이 유전적으로 균일한 '순수혈통'의 생쥐를 얻기 위해서였다. 실험용 생쥐가 처음 탄생한 것이다.

그리고 1929년 리틀은 실험용 생쥐를 대량 생산하기 위해 '잭슨 연구소'를 설립했다. 초기 수천 마리에 불과했던 연간 생산량은 10년 뒤 수십만 마리로 늘어났고, 20년 뒤에는 수백만 마리로 늘어났다. 현재 생쥐를 재료로 연구하는 생물학자들은 대부분 잭슨 연구소의 도움을 받고 있다고 해도 과언이 아니다.

:: 신약 개발로 인간 살리는 생쥐

생쥐 연구가 의학에서 얼마나 중요한지는 두 말할 필요도 없다. 단적으로 전 세계적으로 가장 많이 팔리는 100대 약품은 모두 생쥐 연구로 만들어진 것이다. 그리고 현재 신약 개발에는 '모두'라고 해도 좋을 만큼 생쥐가 사용된다. 여기에는 일반 실험용 쥐가 아니라 특정 유전자가 변형된 생쥐가 쓰인다.

초기에는 돌연변이 생쥐가 연구 재료였다. 세계의 수많은 실험실에서 기상천외한 돌연변이 생쥐가 등장했다. 대표적으로 정상 쥐보다 훨씬 뚱뚱한 '비만 쥐', 털이 전혀 없는 '누드 쥐', 목이 마비되 계속 하늘을 쳐다보는 '점성가 쥐' 등이 있다. 이 중 면역결핍을 앓고 있는 '중복면역부전증 쥐'는 에이즈 연구에 큰 공헌을 했다.

1987년 생쥐 연구를 위한 획기적인 기술이 나왔다. 바로 2007년 노벨 생리의학상을 받은 '유전자 적중 생쥐(gene targeting mouse)'다. 이는 유전공학과 배아복제 기술이 결합된 기술로 생쥐에서 우리가 원하는 유전자 하나를 넣고 뺄 수 있다. 즉 유전자가 어떤 기능을 하는지 생명체 수준에서 알 수 있게 된 것이다.

이에 더해 2002년 생쥐의 전체 유전체 염기서열이 밝혀졌다. 연구 결과 생쥐 유전체는 약 25억 염기쌍으로 인간보다 15% 적은 수치였다. 생쥐의 유전자는 3만 개로 인간과 비슷한 숫자다. 인간과 생쥐 유전자의 90%가 비슷한 위치에 자리 잡고 있었고 80%는 동일한 유전자였다.

이로 말미암아 인간은 생쥐를 연구할 수 있는 모든 도구를 손에 넣게 됐다. 인간의 질병을 쥐가 걸리게 하고, 질병에 걸린 쥐를 연구해 치료법을 알아내고, 그 치료법을 다시 인간에 적용하는 방식으로 신약을 개발할 수 있게 됐다. 이만하면 생쥐가 인간을 살리게 된 것이라고 해도 과언이 아니다.

:: 겁 없는 '슈퍼생쥐' 탄생

생쥐에 다양한 유전자 조작을 하다 보니 특별한 성질을 가진 생쥐가 종종 뉴스에 등장한다. 최근 뉴스가 된 겁 없는 생쥐는 일본 도쿄대의 사카노 히토시 교수가 만들었다. 뇌 속에 있는 특정 후각세포를 제거하자 생쥐

는 고양이 앞에서도 떨지 않고 당당히 행동하게 됐다. 이는 동물들이 주로 후각을 통해 공포를 느낀다는 사실을 입증하는 과정에서 만들어졌다.

또 강철 체력의 생쥐도 있다. 미국 케이스 웨스턴 리저브대의 리처드 헨슨 교수팀은 생쥐 유전자를 조작해 운동할 때 피로감을 느끼게 하는 젖산을 줄어들게 했다. 통계적으로 보통 생쥐가 19분 정도 달리는데 비해 이 슈퍼생쥐는 6시간 동안 쉬지 않고 달릴 수 있다. 보통 쥐보다 먹이를 1.6배 많이 먹지만 대사가 활발해 몸매는 날씬하다.

이와 함께 지능이 뛰어난 생쥐, 수명이 연장된 생쥐 등이 등장했다. 이렇게 일부 능력이 늘어난 슈퍼생쥐 연구는 궁극적으로는 인간에게 적용될 것이다. 앞으로 미래에는 부작용 없이 특정 능력을 높여주는 시술이 인기를 끌게 될 지도 모른다.

도시락
여섯

미래로 나아가는
첨단 기술

미래로 나아가는 첨단 기술 01
층 버튼 없는 엘리베이터도 있다?

두레박은 낮은 곳의 물을 위로 끌어올리기 위해 고안된 장치다. 그 유래가 기원전까지 올라가는 두레박은 원래 '물건'을 운송하는 수단이었지만, 차츰 '사람'까지 운송하게 됐다. 바로 현대인이라면 하루에 한 번쯤 이용하는 운송수단, 엘리베이터다. 초기에는 물을 이용했지만 증기기관을 거쳐 전동기를 이용하는 방식으로 발전했다.

초고층 빌딩이 곳곳에 세워지고 있는 지금, 엘리베이터의 중요성은 더욱 커지고 있다. 현재 세계에서 가장 높은 건물은 대만의 타이베이금융센터(508m)이지만 더 높은 초고층 빌딩이 속속 건설되고 있다. 2009년 완공을 목표로 버즈두바이(705~950m)가 곧 왕좌에 오를 전망이다. 건물 높이가 20층만 넘어도 비상구 계단보다 엘리베이터가 우선적인 운송 수단이 된다. '편리한' 운송수단에서 '필수적인' 운송수단이 된 것이다.

:: 두레박과 엘리베이터는 사촌?

엘리베이터는 겉으로는 단순해 보이지만 매우 정교한 장치다. 엘리베이터 한 대를 만드는데 들어가는 부품은 모두 3만~5만 개. 이들이 정밀하게 맞물려 돌아가야 엘리베이터가 제대로 운행된다. 기본 요소는 승객이 타는 밀폐된 공간인 '카(car)'와 카를 올리고 내리는 '로프'와 이들을 건물에 고정하는 '고정도르래'다. 두레박에서 물 담는 바구니, 줄, 고정도르래가 필요한 것과 똑같다.

로프는 안전을 위해 가장 튼튼히 만드는 부분이다. 여러 겹의 강철을 꼰 선을 다시 꼬고, 이를 섬유 소재의 심 중심으로 감아 만든다. 최대 정원 무게의 10배를 견딜 만큼 튼튼하다. 윤활유를 발라 마찰로 닳지 않게 하고, 정기적으로 교체한다. 로프의 다른 쪽 끝에는 무거운 균형추가 달려 있다. 최대 정원의 40~45% 무게로 엘리베이터가 올라갈 때 내려오고, 내려갈 때 올라와 전동기의 부담을 줄여 준다. 투명 엘리베이터에서 엘리베이터가 올라갈 때 균형추가 내려가는 모습을 볼 수 있다.

로프가 없는 엘리베이터도 있다. 각각의 카에는 전동기가 부착되고, 카의 옆에 달린 바퀴는 엘리베이터 통로에 있는 레일에 꼭 고정돼 움직인다. 로프가 없으면 하나의 엘리베이터 통로에 여러 대의 카를 운행할 수 있다. 주기적으로 로프를 교체할 필요도 없고, 엘리베이터가 수직은 물론 수평으로 움직이게 할 수도 있다. 그러나 로프가 없는 엘리베이터는 정전 시 안전을 보장하기 힘들고 전력 소모도 훨씬 많아 아직 많이 쓰이지 않는다.

:: 초고층 엘리베이터의 조건

건물의 높이가 계속 올라가면서 엘리베이터가 갖춰야 할 조건도 더 많아졌다. 가장 중요한 조건은 속도. 현재 타이베이금융센터에는 1층부터 꼭대기까지 30초에 주파하는 초고속 엘리베이터가 있다. 아파트에 설치하는 중저속 엘리베이터의 속도는 분당 45~120m. 이 엘리베이터로 타이베이금융센터 꼭대기까지 오르려면 무려 11분이나 걸리니 초고층건물에 초고속 엘리베이터는 필수다.

공기 저항을 최대한 줄이기 위해 초고속 엘리베이터 카의 상·하부는 유선형으로 설계돼 있다. 벽과 바닥은 이중으로 만들어 진동을 줄인다. 공기의 흐름과 압력 변화를 시뮬레이션하며 설계한다. 승차감도 중요하다. 초고속 엘리베이터의 속도는 놀이공원의 롤러코스터의 최대 속도 수준이다. 승객들이 속도 변화를 최대한 느끼지 못하도록 가속·감속해야 한다는 뜻이다.

승차감에서 가속도 변화보다도 더 중요한 것은 기압의 변화다. 엘리베이터가 빠르게 상승하면서 주위 기압이 낮아지면 고막이 팽창하며 불쾌감을 느낄 수 있다. 우주비행사가 기압 적응훈련을 받을 때 쓰는 수학 모델로 연구한 결과 엘리베이터가 빠르게 움직여도 기압차가 1,800Pa (파스칼, 1Pa=1N/㎡) 이하이면 불쾌감을 줄일 수 있다는 사실이 밝혀졌다. 실제 초고층 빌딩의 엘리베이터는 1층과 최고층의 기압차가 1,800Pa를 넘지 않도록 설계한다.

:: 똑똑한 엘리베이터의 조건

 엘리베이터를 더 똑똑하게 만들기 위한 기술도 속속 등장하고 있다. 엘리베이터 전문가에 따르면 승객의 조급함은 기다리는 시간의 제곱에 비례하고, 승객은 엘리베이터를 40초 이상 기다리지 않는다고 한다. 승객의 대기시간을 줄이기 위해 수학자들과 프로그래머들이 머리를 모으고 있다.

 가장 주목받는 시스템은 목적지 예고 시스템. 승객이 1층에서 가고자 하는 층의 버튼을 누르면 엘리베이터 제어시스템은 여러 엘리베이터 중에서 가장 빨리 도착할 수 있는 엘리베이터를 보낸다. 승객은 자신이 가고자 하는 층이 표시된 엘리베이터를 타면 된다. 행선 층이 같거나 비슷한 승객들이 함께 타기 때문에 도착 시간과 에너지를 동시에 줄일 수 있다. 당연하게도 목적지 예고 시스템을 사용하는 엘리베이터 내부에는 층을 선택하는 버튼이 없다.

 인공지능으로 점점 똑똑해지는 엘리베이터도 있다. 예를 들어 출근시간에는 1층에서 각 층으로 올라가는 수요가 많을 것이고, 점심시간에는 각 층에서 식당으로 가는 수요가 많을 것이다. 시간에 따라서, 또 요일에 따라서 엘리베이터의 움직임은 달라질 수밖에 없다. 이를 데이터로 축적해 승객이 가장 적게 기다리도록 엘리베이터를 운행한다.

최근에는 초고속 엘리베이터를 넘어 우주 엘리베이터가 거론되고 있다. 적도 상공의 우주에 정지위성을 띄우고, 이 정지위성과 지상을 연결하는 엘리베이터를 설치하자는 것이다. 50km 높이의 탑과, 강철보다 100배 튼튼한 로프가 필요한 등 아직 갈 길이 멀지만 과학자들은 50년 내에 실현화될 것으로 기대하고 있다. 두레박에서 출발했던 엘리베이터의 진화는 계속되고 있다.

미래로 나아가는 첨단 기술 02
미래에 변전소가 사라지는 이유

전봇대가 '불필요한 정부 규제'의 상징으로 떠오른 적이 있다. 이명박 대통령이 전남 영암군 대불산업단지의 전봇대를 탁상행정의 예로 들었기 때문이다. 그 전봇대는 이틀 만에 뽑혔지만 주변 가로등은 그대로 둬 실제로 도움이 안 됐다는 웃지 못할 후문이 들려온다. 보기에도 좋지 않고, 안전 위험도 있어서 도심에서는 전봇대 대신 지하에 전력케이블을 묻어 사용한다.

전봇대나 전력케이블은 발전소에서 생산한 전기를 이송하기 위한 설비다. 발전소에서는 생산한 전기를 20만~80만 V의 초고압으로 바꾼 뒤 초고압선을 통해 각 지역의 변전소로 보낸다. 변전소는 받은 전기의 전압을 대폭 낮춰 가정, 사무실, 공장 등에 보낸다. 가정 근처에 달린 변압기는 다시 전압을 220V로 낮춘다.

발전소에서 전기를 보낼 때 초고압으로 바꾸는 이유는 전기 손실을 줄이기 위해서다. 구리는 전기가 잘 통하지만 그래도 약간의 전기저항을 갖고 있다. 전류가 많이 흐를수록 열이 발생하고, 그만큼 전기 에너지가 손실된다. 전기를 초고압으로 보내면 동일한 전력을 보낼 때 전류의 크기가 작아지기 때문에 에너지 손실을 줄일 수 있다. 하지만 이렇게 해도 발전소에서 가정까지 오는 동안 전기의 약 4.3%가 열로 사라진다. 우리나라의 전기 생산 원가로 계산하면 연간 5,000억 원이 공중에 사라지는 것이다.

:: 초전도체로 전기 실어나른다

이런 이유로 초전도케이블이 구리선의 대안으로 주목받고 있다. 초전도케이블은 구리 대신 전기저항이 없는 초전도체를 사용한다. 초전도케이블을 쓰면 열로 손실되는 전기가 없어져 전기 생산 비용이 절감된다. 또 발전소에서 전기를 보낼 때 굳이 초고압으로 바꿀 필요가 없어 변전소와 변압기를 세울 비용도 절약할 수 있다.

초전도케이블의 장점은 여기에서 그치지 않는다. 도심의 전력 요구량에 맞춰 전력 케이블을 계속 추가하면서 도심의 지하 공간은 거의 한계에 이르렀다. 더 이상 전력 요구를 감당하기 힘들다는 뜻이다. 초전도케이블은 기존 구리케이블보다 굵기는 3분의 1에 불과하고, 송전 용량은 5배 이상 크다. 구리케이블이 있던 공간에 초전도케이블을 바꿔 넣는 것만으로 도심의 전력 공급 문제가 해결된다.

초전도케이블의 핵심은 전기를 전송하는 초전도체다. 초전도체는 1911년 네덜란드 레이던대 카멜린 온네스 교수에 의해 처음 발견됐다. 온네스 교수가 온도를 낮추면서 수은의 전기저항을 측정하자 놀랍게도 영하 267℃에서 수은의 전기저항이 없어졌다. 이렇게 저항이 없어지는 온도를 임계온도라고 한다. 순수 원소의 경우 납, 주석 등 25종의 원소에서 초전도 현상이 나타났다.

:: 꿈을 현실로 바꾸는 고온초전도체

절대온도(영하 273℃)에 가까운 저온에서 초전도현상이 일어나는 이유는 BCS이론으로 설명한다. 도체에는 원자의 간섭을 받지 않고 맘대로 움직이는 자유전자가 있어 전기가 흐른다. 자유전자들은 움직이다가 서로 충돌하는데 이때 전기저항이 생긴다. 하지만 절대온도 부근에서 모든 전자는 둘씩 짝을 지어 움직이기 때문에 전자 사이에 충돌이 일어나지 않아 전기저항이 사라진다. BCS이론은 '원자들의 진동'이 전자끼리 쌍을 이루게 하는 힘이라고 설명한다.

그 뒤로 과학자들은 임계온도가 높은 초전도체를 만들기 위해 노력했다. 이른바 고온초전도체다. 전기저항이 없다는 점은 매력적이었지만 이를 구현하는 온도가 너무 낮아 실생활에 응용하기 힘들었기 때문이다. 초기에는 주로 금속합금에서 고온초전도체가 발견됐고, 그 뒤로 산화물과 유기물에서도 발견돼 현재 수천 종에 이른다. 이중 산화물 초전도체는 최고 영하 120℃의 높은 온도에서 초전도현상을 보여 가장 주목받고 있다. 이들은 상대적으로 값싼 냉매인 액체질소(영하 196도) 속에서도 초전도 효과를 보인다.

초전도케이블은 '매우 긴 진공보온병'처럼 생겼다. 구리심을 중심으로 초전도체가 몇 겹으로 둘러싼 것이 전선 역할을 한다. 이 전선 세 가

닥을 다시 견고한 '진공보온병'이 둘러싸고 있다. 그리고 진공보온병에는 속에는 액체질소가 들어있다. 온도가 올라가면 초전도 효과가 없어지기 때문에 '진공보온병'은 외부와 온도가 완전히 차단돼야 한다. 또 지진, 충격 등으로 파손돼 액체질소가 새 나오지 않도록 설계한다.

미국은 2008년부터 뉴욕의 일부 구간에, 일본은 2010년 도쿄의 일부 구간에 초전도케이블을 설치해 시험 운영에 들어갈 예정이다. 우리나라에서는 한국전기연구원 초전도기기연구그룹이 LS전선(주)과 공동으로 초전도케이블을 개발하고 있다. 지난 해 국제 공인 시험에 통과했고, 올해에는 송전망에 직접 투입해 성능을 시험할 예정이다. 미국과 일본보다 10년 늦게 초전도케이블 연구에 뛰어들었지만 현재 거의 대등한 기술 수준에 와 있다고 한다.

꿈의 기술이었던 초전도기술이 우리 옆으로 바짝 다가왔다. 수년 내에 초전도케이블이 상용화되면 거추장스러웠던 전봇대를 비롯해 지금까지 사용하던 송전설비는 서서히 사라질 것이다. 고품질의 전기를 더욱 싸고 풍부하게 공급받을 수 있다. 초전도기술이 바꿀 미래를 기대해 보자.

미래로 나아가는 첨단 기술 03
모양과 색을 내 맘대로~ 식물 디자인!

파란 장미는 없다. 현재 시장에 나온 파란 장미는 백장미에 색소를 올려 만든 가짜다. 수많은 육종학자들이 파란 장미의 꿈을 품고 도전했지만 모조리 실패했다. 장미에는 파란색소를 만드는 유전자가 아예 존재하지 않기 때문이다. 오죽하면 파란 장미의 꽃말이 '불가능'일까. 그런데 불가능이라고 여겼던 파란 장미가 만들어져 시판을 앞두고 있다.

파란 장미는 원래 자연에 없는 식물이다. 이렇게 없던 식물을 새로 탄생시키는 연구 분야를 식물 분자 생체 디자인(Plant Molecular Biodesign, 이하 식물 디자인)이라고 부른다. 한마디로 식물을 우리가 원하는 대로 디자인 하겠다는 것이다. 다소 황당하게 생각되는 이 연구에는 두 가지 중요한 요소가 있겠다. 첫째는 식물의 모양이고, 둘째는 식물의 색이다. 식물의 모양과 색을 어떻게 바꿀 수 있다는 말인가?

∷ 유전자 바꾸면 모양도 바뀐다

먼저 식물의 모양을 바꾸려는 시도부터 살펴보자. 식물의 모양을 디자인할 때 가장 기본이 되는 기관은 잎이다. 단풍나무, 은행나무, 야자수가 어떻게 생겼는지 상상해 보자. 다른 무엇보다 잎 모양이 떠오를 것이다. 식물의 전체 모양은 잎이 결정한다고 해도 과언이 아니다. 또 꽃잎은 잎이 변형된 기관이다. 결국 잎 모양과 발생 분화 과정을 이해하면 식물 전체의 모양을 바꿀 수 있다는 말이다.

과학자들은 먼저 잎의 길이와 폭을 맘대로 바꾸기 위해 노력하고 있다. 동아대 분자생명공학부 김경태 교수팀은 애기장대 연구를 통해 잎의 길이와 폭에 관여하는 유전자를 찾아 이 유전자를 조절하는 법을 알아냈다. 애기장대 안에 있는 ROT3 유전자는 '브라시노스테로이드'라는 식물 성장 호르몬의 활성을 조절해 잎의 길이에 영향을 미친다. 또 AN 유전자는 세포골격을 조절해 세포의 뼈대를 변화시켜 잎의 폭에 영향을 미친다.

길이와 폭 외에도 잎의 좌우를 대칭되게 하는 유전자, 윗면과 아랫면을 다르게 하는 유전자, 편평함과 볼록함을 결정하는 유전자 등을 찾고 조절하는 법에 대한 연구가 진행 중이다. 이들 유전자의 기능을 알아낸다면 잎의 모양을 우리가 원하는 대로 만들 수 있을 것이다. 실제로 이스라엘 연구팀은 토마토 잎의 좌우대칭에 관여하는 유전자를 조작해 파슬리 잎처럼 만드는 데 성공했다.

꽃 모양도 디자인할 수 있다. 꽃 모양에 대한 가장 고전적인 연구는 미국 캘리포니아공대 메이에로비츠 교수팀이 제안한 ABC 모델이다. 이 모델은 A클래스, B클래스, C클래스에 해당하는 유전자의 조합에 의해 꽃을 이루는 꽃받침, 꽃잎, 암술, 수술이 결정된다는 이론이다. 예를 들어 A클래스 유전자만 단독으로 발현되면 꽃받침만 있는 꽃이 되고, C클래스가 없으면 꽃받침, 꽃잎, 암술, 수술이 모두 꽃잎으로 변한다. 이 모델을 이용하면 꽃 모양을 다양하게 바꿀 수 있다.

:: 파란 장미 다음은 검은 장미

식물의 색을 디자인하는 연구는 모양을 디자인하는 연구보다 더 빠르게 가시적인 성과를 내고 있다. 이 분야는 특히 화훼 분야에서 많은 연구가 이뤄지고 있는데 대표적인 것이 육종학자의 오랜 꿈이었던 파란장미다.

일본 산토리사의 자회사인 호주 플로리진 연구팀은 장미에는 파란색을 내는 색소가 없기 때문에 다른 식물의 유전자를 도입했다. 꽃 색깔은 주로 안토시아닌 계열의 색소가 조합돼 결정된다. 안토시아닌 색소에는 빨간색을 내는 시아니딘, 주황색을 내는 펠라고니딘, 파란색을 내는 델피니딘이 있는데 모두 DHK라는 물질이 각각 다른 경로로 변형돼 만들어진다.

파란장미의 꽃말은 '불가능'. 하지만 산토리사는 풀 팬지의 '블루 진'으로 불가능을 가능으로 만들었다.(사진 제공=산토리)

장미에는 DHK를 델피니딘으로 바꿔주는 효소가 없다. 이 효소를 만드는 유전자, 일명 '블루 진(Blue gene)'이 없기 때문이다. 연구팀은 페튜니아에서 최초로 이 블루 진을 찾아냈다. 페튜니아의 블루 진을 장미와 카네이션에 적용했는데 이상하게도 카네이션에서는 작동했지만 장미에서는 작동되지 않았다. 파란 카네이션이 먼저 나온 이유다.

그 뒤 수많은 꽃의 블루 진을 장미에 도입해 결국 2004년 파란 장미를 만드는 데 성공했다. 제비꽃과의 풀 팬지의 블루 진이 장미와 맞아떨어진 것이다. 그러나 당시 만든 장미는 파란 장미라고 하기엔 부족했다. 파란색이 아니라 연보라색에 가까웠기 때문이다. 연구팀은 더 선명한 파란색의 장미를 만들기 위해 후속연구를 진행 중이며 파란장미 다음 목표는 검은 장미라고 한다.

사실 식물 디자인은 유전공학의 한 분야라고 볼 수 있다. 다만 기존 유전공학이 새로운 물질을 만들어 내는 일에 초점을 두었다면 식물 디자인은 창의력과 미적 감각을 더해 새로운 모양을 창조하는 일에 초점을 둔다.

앞으로 식물의 모양과 색을 자유자재로 바꿀 수 있게 된다면 어떤 세상이 펼쳐질까. 더운 여름 모자 모양의 잎을 따서 쓴다든지, 여름철 하루 입을 시원한 잎 셔츠를 만들 수도 있다. 하트 모양의 꽃잎을 가진 장미로 사랑을 고백하는 건 어떤가. 더 나아가 편평하게 만들고 형형색색 물들인 식물 잎을 벽지처럼 발라 자연친화적인 집을 만들 수도 있다.

"식물을 있는 그대로 감상하면 되지 왜 굳이 새로운 모양으로 만들어야 하는가"라고 생각하는 사람이 있을지도 모르겠다. 하지만 '불가능'이라는 단어는 언제나 과학자들의 도전정신을 자극하는 힘이 있는 것 같다. '불가능'을 꽃말로 가진 파란 장미처럼.

미래로 나아가는 첨단 기술 04
물방울로 렌즈 만드는 '일렉트로웨팅'

풀잎 표면에 맺힌 물방울을 자세히 들여다 보면 그 부분의 풀잎이 더 크게 보인다. 풀잎에 떨어진 물은 표면장력 때문에 둥그렇게 뭉친다. 이렇게 뭉친 물방울이 빛을 굴절시키는 볼록 렌즈 역할을 하기 때문에 물방울이 떨어진 부분이 크게 확대되는 것이다. 사람이 유리로 렌즈를 만들기 훨씬 전부터 물방울이라는 렌즈가 있었던 셈이다.

그런데 재미있게도 최근 유리 렌즈를 대신해 물방울을 사용하려는 연구가 진행 중이다. 유리 렌즈의 치명적인 약점을 '물방울'이 해결할 수 있기 때문이다. 유리 렌즈의 결정적인 약점은 뭘까. 바로 유연성이 없어 초점을 맞추려면 앞뒤로 움직여야 한다는 것이다. 반면 물방울은 초점을 맞추기 위해 앞뒤로 움직일 필요가 없다. 두께를 바꾸면 초점도 달라지기 때문이다. 우리 눈의 수정체가 바로 이 같은 원리로 초점을 맞춘다.

여기에서 핵심은 물방울의 두께를 맘대로 제어하는 방법이다. 과학자들은 이 문제를 해결하기 위해 일렉트로웨팅 현상을 발견했다. 액체를 맘대로 제어해 유용하게 만드는 일렉트로웨팅 현상에 대해 알아보자.

:: 전기로 표면장력을 제어하라!

일렉트로웨팅 현상이란 쉽게 말해 전기로 표면장력이 바뀌는 현상이다. 이 현상은 1870년 가브리엘 리프만에 의해 처음 발견됐다. 유리관에 물을 담으면 유리관 벽은 중심부보다 물의 높이가 더 높은데 이는 물과 유리관 벽 사이의 표면장력 때문이다. 그런데 유리관 대신 금속관을 쓰고 전기를 걸면 벽을 따라 올라오는 물의 높이가 더 높아진다. 전기로 표면장력이 더욱 세졌기 때문이다.

리프만은 이를 '전기모세관' 현상이라고 불렀지만 그 뒤로 1백 년간 이 기술은 별다른 빛을 보지 못했다. 전기모세관 현상은 1V 이하의 낮은 전압에서만 일어났고, 이보다 높은 전압을 걸면 물이 산소와 수소로 분해돼 버렸다. 제한된 전압 조건 때문에 이 현상을 응용할 가능성은 별로 없었다.

그러다 1990년 높은 전압으로도 표면장력을 제어할 수 있는 일렉트로웨팅 현상이 발견됐다. 프랑스 브루노 버지 박사는 금속판을 얇은 절연체로 씌운 뒤 그 위에 물을 한 방울 떨어뜨렸다. 다음에 금속판과 물방울에 전기를 걸자 전압이 높아질수록 물방울이 얇게 퍼졌다. 이 방법을 쓰자 수십 V의 높은 전압에서도 물방울의 모양을 바꾸는 것이 가능해졌다. 족쇄가 걸린 1백 년 전 기술을 열어젖힐 열쇠를 찾은 것이다.

물에 전기를 통하면 표면장력이 변하는 이유는 물 분자 자체가 극성 (+, -)을 갖고 있기 때문이다. 물 분자는 산소원자 하나와 수소원자 두 개로 구성돼 있는데, 수소원자가 104.5도의 각도를 이루며 붙어 있기 때문에 (+)인 쪽과 (-)인 쪽이 생긴다. 이 극성 때문에 전기가 흐르는 금속에는 더 끌리는 힘이 생겨 표면장력이 높아지는 것이다.

물과 금속이 직접 만나면 전자를 주고받기 때문에 물이 수소와 산소로 분해돼 버린다. 그러나 그 사이에 얇은 절연체가 있으면 전기장의 영향은 받지만 전자를 주고받을 수 없어 분해되지 않는다. 이 때문에 높은 전압에서 표면장력을 제어하는 것이 가능해진 것이다. 하지만 일렉트로웨팅 현상에 대해 아직 이론적으로 완전히 이해하지는 못하고 있다.

∷ 줌인, 줌아웃 가능한 휴대전화 카메라

그럼 일렉트로웨팅 현상을 어디에 응용할 수 있을까? 상용화가 가장 빠른 분야는 휴대전화용 액체렌즈다. 휴대전화에 달린 카메라는 급한 대로 쓰기는 편리하지만 줌인, 줌아웃 기능이 없고 거리에 따라 초점을 맞출 수 없어 불편하다. 카메라는 여러 개 렌즈 사이의 거리를 조절해서 이런 기능을 제공하지만 작은 휴대전화 카메라에 렌즈를 여러 개 넣기는 무리다.

하지만 딱딱한 유리나 플라스틱 대신 액체렌즈를 쓰면 이런 불편이 사라진다. 두께를 바꿀 수 있어 거리에 따라 초점을 맞추는 것이

가능해지기 때문이다. 액체렌즈는 물과 기름으로 만든다. 물과 기름의 경계면을 일렉트로웨팅 현상으로 변화를 주면 전체 모양이 달라진다. 이를 통해 렌즈의 초점을 5cm부터 무한대까지 맞출 수 있게 된다.

2004년 삼성전기에서 세계최초로 액체렌즈 방식으로 130만 화소의 휴대카메라 모듈을 만드는 데 성공했고 2007년 4월에는 선양디엔티에서 200만 화소 제품을 내놓았다. 액체렌즈 방식은 렌즈를 이동시키는 방식보다 6배 이상 전력 소모가 적고 제품의 크기도 작아지는 장점이 있다.

:: 전자종이에서 랩온어칩까지, 다양한 응용

액체렌즈 다음으로 일렉트로웨팅 현상이 응용될 가능성이 높은 분야는 전자종이 분야다. 전자종이는 차세대 디스플레이의 꽃으로 불리지만 화면이 바뀌는 속도가 느린 문제가 있어 상용화에 걸림돌이 되고 있다. 기존 방식은 화면을 표시할 때 전기로 제어되는 작은 입자를 사용한다. 이 입자의 움직임이 느려 화면 반응속도도 떨어질 수밖에 없다.

때문에 입자 대신 유동성이 큰 액체로 전자종이를 만들려는 시도를 하고 있다. 원리는 간단하다. 화면을 구성하는 가장 작은 단위인 픽셀에 액체를 채우고 이를 일렉트로웨팅 현상으로 이동시켜 화면을 제어하는 것이다.

랩온어칩(Lab on a Chip)도 일렉트로웨팅 현상을 이용하는 분야다. 랩온어칩이란 혈액과 같은 액체 한 방울을 작은 칩에 떨어뜨려 분석하는 기

일렉트로웨팅 현상을 이용하면 사진처럼 휘어지는 디스플레이도 쉽게 개발할 수 있다.(사진 제공=LG필립스LCD)

술을 말한다. 한마디로 '혈액 한 방울로 질병을 진단하는 손바닥 위의 실험실'이라고 생각하면 된다. 문제는 워낙 작기 때문에 액체를 극미세한 관으로 이동시키기 어렵다는 점이다.

기존 방식은 액체를 이동시키기 위해 수만 V의 전압을 걸어야 했지만 일렉트로웨팅 현상을 사용하면 수~수십 V의 전압으로도 쉽게 이동시킬 수 있다. 또 기존 방식보다 1백 배 이상 빠르게 이동시키는 것이 가능하다고 한다. 액체를 이동시키는 방법은 액체 방울의 한쪽 부분만 표면장력의 변화를 주면 된다. 이 방식으로 한쪽 끝에만 일렉트로웨팅 현상이 일어나면 물방울이 한쪽으로 이동하게 된다.

일렉트로웨팅 현상은 오래된 발견을 현대에 맞게 재발굴한 좋은 예다. 과거에는 쓸모없어 보였던 기술에 해법이 제시되자 무엇보다 유용한 기술로 탈바꿈한 것이다. 현재 쓸모없어 보이는 기술도 어떻게 해법을 찾느냐에 따라 앞으로 엄청나게 유용한 기술이 될 수 있다. 앞으로 무궁무진한 변신을 거듭할 일렉트로웨팅의 활약을 기대해 보자.

미래로 나아가는 첨단 기술 05

구름씨 뿌리는 현대판 '레인메이커'

영어에서 '레인메이커(rainmaker)' 란 '행운을 부르는 사람' 혹은 '특정 분야에 절대적인 영향력을 미치는 사람'이라는 의미로 쓰인다. 원래 레인메이커는 가뭄이 들었을 때 기우제(祈雨祭)를 드리는 아메리카 인디언 주술사를 부르는 말이었다.

레인메이커가 행운과 영향력의 상징이 된 이유는 이들이 드리는 기우제가 100%의 확률로 비를 부르기 때문이다. 물론 이들에게 특별한 능력이 있는 건 아니다. 이들은 한번 기우제를 시작하면 황당하게도 '비가 올 때까지' 계속 드린다. 이들의 기우제가 100%일 수밖에 없는 이유다. 현대에 와서 레인메이커는 다른 뜻으로도 쓰인다. 비가 없는 하늘에 인공적으로 비를 만들어내는 인공강우 전문가를 레인메이커라고 부른다.

레인메이커들의 활약 덕분에 2007년 6월 중국 랴오닝성에 비가 내렸다. 56년 만에 찾아온 최악의 가뭄을 해갈한 단비였다. 랴오닝성의 기상 당국자는 "인공강우용 로켓 1,500발을 발사해 2억 8,300만 톤의 비가 내리도록 했다"고 밝혔다. 1차 인공강우로 내린 비가 부족하자 기상 당국은 30일 2차 인공강우를 실시했다. 3대의 항공기를 동원하고 로켓 681발을 발사해 5억 2,500만 톤의 비가 내리도록 했다.

8억 톤이 넘는 이 인공강우 계획은 사상 최대 규모다. 이는 우리나라 경기도 전체에 50mm의 비가 내린 것과 맞먹는 양이다. 중국은 이미 50년 전부터 인공강우를 연구해 왔고 2,000개 현(縣) 단위 행정구역에 인공강우를 유도하는 장치가 있는 것으로 알려져 있다.

인공강우가 최초로 성공한 것은 1946년이다. 미국 제너럴일렉트릭사 빈센트 쉐퍼 박사는 안개로 가득 찬 냉장고에 드라이아이스 파편을 떨어뜨리자 작은 얼음결정이 만들어진다는 사실을 발견했다. 여기에 착안한 그는 실제 구름에 드라이아이스를 뿌리면 눈(얼음결정)을 만들 수 있겠다는 생각을 했다. 11월 13일 그는 비행기를 타고 미국 매사추세츠주 바크처 산맥 4,000m 높이로 올라가 구름에 드라이아이스를 뿌렸다. 그리고 5분 뒤 구름은 눈송이로 변해 땅으로 떨어졌다.

:: 비 만드는 '씨'를 뿌려라

어떤 원리로 비를 내리게 할 수 있을까. 먼저 자연 상태에서 비가 내리는 원리를 이해해야 한다. 구름은 20μm 지름의 아주 작은 물방울인 '구름입자'로 이뤄져 있다. 이들을 아래로 잡아당기는 중력보다 위로 띄우는 부력이 더 크기 때문에 구름입자는 하늘에 떠 있을 수 있다.

구름입자가 땅으로 떨어지려면 중력이 부력보다 더 커야 한다. 보통 구름입자 100만 개 이상이 합쳐져 2mm의 빗방울이나 1~10cm의 눈송이가 되면 중력이 부력

구름씨를 뿌리면 구름입자가 구름씨에 달라붙어 빗방울이나 눈송이가 된다.

보다 커져 땅으로 떨어진다. 계산에 따르면 순수한 구름입자만으로 빗방울이나 눈송이가 되려면 습도가 400% 이상이어야 한다. 구름입자만으로 비가 내리기 힘들다는 말이다.

그러나 습도 400%가 아니라 100%만 돼도 비가 내릴 수 있다. 구름입자가 서로 뭉치는 데 도움을 주는 물질이 구름 속에 들어 있으면 된다. 먼지, 연기, 배기가스 등 약 0.1mm 크기의 작은 입자들이 구름입자가 뭉치는 데 도움을 줄 수 있다. 이들 입자를 응결핵, 혹은 빙정핵이라고 부른다.

인공강우의 핵심 원리는 바로 응결핵과 빙정핵 역할을 하는 구름씨를 뿌려 구름이 비를 쉽게 내리도록 돕는 것이다. 구름씨를 뿌리기 위해 항공기나 로켓이 동원된다. 사용하는 구름씨는 구름의 종류와 대기상태에 따라 다르다.

높은 구름은 꼭대기 부분의 구름입자가 얼음 상태로 존재한다. 이런 구름에는 요오드화은과 드라이아이스를 많이 사용한다. 요오드화은을

태우면 작은 입자가 생기는데 이것이 영하 4~6℃의 구름에서 빙정핵의 역할을 한다. 드라이아이스 조각은 영하 10℃의 구름에서 구름입자를 빙결시켜 응결핵이 되도록 활성화한다.

낮은 구름은 다르다. 낮은 구름은 꼭대기의 구름입자도 얼어 있지 않다. 이때는 염화나트륨, 염화칼륨, 요소 같은 흡습성 물질을 사용한다. 이들이 뿌려지면 주변의 물방울이 달라붙는다. 한 번 커지기 시작한 물방울은 비탈길에 굴리는 눈덩이처럼 순식간에 커져 비가 된다.

:: 경제 효과 낮아 철저한 계획 필요

인공강우에 성공했다고 비를 다스리게 된 것은 아니다. 인공강우는 수증기를 포함한 적절한 구름이 있어야만 가능하다. 건조한 날씨가 계속되는 사막에서는 무용지물이라는 말이다. 또 지금까지 통계자료를 보면 인공강우의 효과는 강우량을 10~20% 정도 증가시키는 정도에 그친다. 막대한 예산이 드는 것에 비해 인공강우의 효과는 높은 편이 아니다.

기상연구소 원격탐사연구실의 장기호 연구원은 "실제 가뭄이 들었을 때는 날이 건조해 인공강우가 성공하기 어렵다"고 이벤트 행사처럼 생각하는 것을 경계했다. 장 연구원은 "오히려 인공강우는 전선에서 실시해 내리는 비를 더 많이 내리도록 하는 것이 효과적이다"고 말했다. 일본의 경우 연중 댐 근처에 적절한 구름이 지나갈 때마다 시행해 물을 확보한다.

우습게도 인공강우 기술은 먹구름을 없애는 데 쓰인다. 베이징 올림픽이 열리기 전 중국 당국은 구름씨가 포함된 수십 발의 로켓을 발사했다. 아예 비를 내리게 해서 먹구름을 없애겠다는 것이었다. 올림픽 내내 맑은 하늘을 볼 수 있었던 이유다.

앞으로 미래에는 전기장으로 구름이 없는 하늘에도 구름을 만들어 비를 내리게 하는 기술이 개발될 전망이다. 미국 항공우주국은 대기에 떠 있는 수많은 입자들을 전기장으로 교란시켜 수증기를 끌어 모으는 방법으로 구름 한 점 없는 하늘에 비를 내리는 연구를 하고 있다. 레인 메이커의 전설은 현대 과학의 도움을 받아 계속되고 있다.

미래로 나아가는 첨단 기술 06

스스로 조립하는 나노 캡슐, 쿠커비투릴

'쿠커비투릴(Cucurbituril)'이란 이름을 들어 봤는가. 우스꽝스럽게 들리지만 최근 가장 각광 받는 나노물질의 이름이다. 원자현미경으로 들여다보면 쿠커비투릴은 둥글넓적한 호박 모양을 하고 있다. 이 때문에 호박의 학명 '쿠커비타세'를 따서 이름이 지어졌다.

이 물질이 처음 세상에 등장한 건 1905년. 지금부터 약 100년 전이다. 그러나 그때는 이 물질이 어떻게 생겼고, 어떤 가능성이 있을지 몰랐다. 그 뒤 1981년 미국 윌리엄 목 박사가 쿠커비투릴을 X선회절법으로 분석해 속이 텅 빈 호박 모양이라는 사실을 밝혔다. 그리고 최근 우리나라 포스텍 김기문 교수는 쿠커비투릴을 일약 스타로 만들었다. 주목받는 호박형 분자, 쿠커비투릴에 대해 알아보자.

:: 이름처럼 속 빈 호박 모양

쿠커비투릴의 모양은 정확히 말하면 호박의 위아래를 수평으로 잘라낸 뒤 속을 파낸 모양이다. 쿠커비투릴 내부는 텅 비어 있어 다양한 분자나 이온이 들어갈 수 있다. 무언가 넣을 수 있다는 뜻이다. 게다가 위 아래로 카르보닐기(C=O)가 있어서 다양한 이온을 붙일 수 있다. 무언가 붙여 우리가 원하는 조작을 할 수 있다는 뜻이다.

구조를 좀 더 자세히 들여다보면 쿠커비투릴은 '글리코투릴'이라 부르는 분자 6개가 모여 만들어졌다. 이렇게 작은 분자들이 모인 거대 분자집합체를 '초분자'라고 부른다. 초분자에서 분자와 분자 사이는 약한 힘으로 결합돼 있다. 따라서 초분자에 있는 각 분자들은 조건에 따라 결합되기도 하고 떨어지기도 하는 특성을 보인다.

초분자가 나타내는 주요한 특성은 크게 두 가지다. 첫 번째는 자신에게 꼭 맞는 짝을 찾아 결합한다는 것이고, 두 번째는 각각의 분자들이 자발적으로 모여 거대한 구조를 만든다는 것이다. 이런 초분자의 특성 때문에 쿠커비투릴은 다양한 가능성을 가지고 있다. 최근 김 교수는 쿠커비투릴이 가진 여러 가능성을 발견해 세계적인 관심을 받고 있다.

:: 항암제 담는 분자캡슐

먼저 쿠커비투릴은 작은 분자를 담는 '그릇'으로 주목받고 있다. 이른바 나노캡슐이다. 김 교수는 쿠커비투릴을 메탄올 용액에 넣은 뒤 자외선을 쬐면 자발적으로 둥근 공 모양을 만든다는 사실을 발견했다. 만들어진 공의 지름은 50~500nm(나노미터, 1nm=10억분의 1m). 하나의 공에

3,000~5,000개의 쿠커비트릴이 들어간다.

그 전까지 나노캡슐을 만드는 일은 매우 어려웠다. 공 모양의 주형을 만든 뒤 바깥에 우리가 원하는 물질을 씌우고 속의 주형을 녹이는 복잡한 과정을 거쳐야 했다. 그러나 쿠커비투릴은 적당한 조건만 맞춰주면 스스로 캡슐 모양을 형성한다. 나노캡슐 속의 빈 공간에는 항암제 등을 넣어 약물을 전달하는 데 사용할 수 있다. 항암제는 캡슐에 담겨 있다가 암세포 근처에서만 캡슐이 터져 다른 세포에는 영향을 미치지 않고 암세포만 선별적으로 죽인다.

이때 덮개 역할을 하는 쿠커비투릴에 있는 구멍이 큰 역할을 한다. 예를 들어 쿠커비투릴의 구멍에 암세포의 표면 단백질에만 붙는 적절한 분자를 끼워 넣으면 나노캡슐이 암세포로 찾아가는 데 도움을 줄 수 있다. 쉽게 말해 미사일에 유도레이더를 붙이는 것이다. 과학자들은 적절한 유도레이더를 계속 찾고 있다.

:: 나노 단위로 작동하는 분자 기계

쿠커비투릴이 주목받는 다른 분야는 분자 기계의 가능성이다. 분자 기계란 개별 분자를 우리가 원하는 대로 움직여 작동하는 나노 단위의 기계를 말한다. 아직 미래의 일이지만 여러 후보 물질을 두고 연구가 진행 중이다. 후보 물질 중에 '로택산(rotaxane)'이 있다. 로택산은 실 모양의 분자에 고리 모양의 분자가 끼어진 초분자체다. 마치 구슬 알을 목걸이에 끼워 넣듯이 말이다.

쿠커비투릴은 가운데 구멍이 뚫려 있기 때문에 가늘고 긴 실 모양의 분자에 끼워 넣어 로택산을 만들 수 있다. 김 교수는 초기 발견된 글리코투릴 6개로 이뤄진 쿠커비투릴 외에 5개, 7개, 8개 분자로 이뤄진 쿠커비투릴을 만드는 데 성공했다. 분자의 수가 많을수록 쿠커비투릴의 크기는 커지고, 움직임은 더 유연해진다. 7, 8개 분자로 된 쿠커비투릴은 6개 분자로 된 쿠커비투릴보다 더 두꺼운 실에 끼울 수 있다.

이렇게 만들어진 로택산에 조건을 바꿔주면 쿠커비투릴의 위치가 이동한다. 전기를 흘리거나 산과 염기를 가하면 쿠커비투릴이 가운데서 옆으로, 혹은 옆에서 가운데로 이동한다. 기초적이지만 외부의 조건을 조절해 분자 단위의 결합을 조정하는 것이 가능하다는 얘기다. 움직임을 정교하게 하면 분자 기계의 부품으로 사용할 수 있다.

이같이 쿠커비투릴은 쓰임새 많은 여러 재주를 가졌다. 아직 상용화까지는 많은 연구가 필요하겠지만 상상 속에만 있던 기술을 실현시킬 수 있는 유력한 물질이다. 분자 세계를 더 많이 이해할수록 통제할 수 없었던 나노 세계도 통제할 수 있게 될 것이다. 쿠커비투릴이 펼칠 미래를 기대해 보자.

미래로 나아가는 첨단 기술 07
전지와 자석의 성질을 동시에! 금속산화물

요즘 전자기기 중에 반도체 메모리가 들어 있지 않은 제품이 있을까. 반도체 메모리라고 하면 컴퓨터를 떠올리겠지만 냉장고, 전기밥솥과 같은 일반 가전제품에도 메모리가 들어 있다. 메모리는 이미 우리 생활에서 떼려야 뗄 수 없는 존재가 됐다.

가장 많이 쓰이는 메모리는 D램과 플래시메모리다. 컴퓨터의 주 메모리로 많이 쓰는 D램은 '기억상실증'이 있어 전원 공급이 중단되면 정보를 다시 저장해 줘야 하지만 구조가 단순해 고용량으로 집적하기 쉽다. 반면 플래시메모리는 속도가 느리지만 전원이 꺼져도 정보를 잃지 않아 디지털카메라, MP3플레이어 등에 널리 쓰인다.

과학자들은 플래시메모리와 D램의 장점을 합친 차세대 메모리를 개발하고 있다. 반도체 재료는 이미 한계에 이르렀기 때문에 이를 대체할 새로운 재료가 필요하다. 가장 유력한 대안은 금속산화물. 세계 여러 연구팀이 금속산화물 연구를 통해 한계에 다다른 메모리의 문제를 해결하고 있다.

:: 차세대 메모리 F램

금속산화물이란 말 그대로 금속에 산소가 붙은 것이다. 흔히 '녹이 슨다'는 말은 철이 산화될 때 쓰인다. 금속에 산소가 붙으면 녹이 슬어 오래 사용하기 어려워지는 부정적인 측면도 있지만 금속 자체와는 다른 특이한 성질을 나타내기 때문에 신소재로 활용될 수 있는 긍정적 측면도 있다. 금속산화물은 물리학에서 가장 연구가 덜 된 분야로 해결해야 할 난제도 많다.

금속산화물 연구가 처음 빛을 발한 분야는 차세대 메모리 F램이다. F램은 산화물의 일종인 강유전체를 메모리소자로 사용한다. 강유전체란 전류를 흘리면 내부가 양극, 음극으로 갈라진 뒤 전류를 흘리지 않아도 이 상태를 유지하는 물질을 말한다. 마치 건전지가 양극과 음극으로 분리된 상태를 유지하고 있는 것과 비슷하다.

강유전체가 전기를 띠고 있을 때를 1, 띠지 않을 때를 0으로 정하면 F램에 정보를 저장할 수 있다. 강유전체의 성질 덕에 F램은 플래시메모리처럼 전원이 꺼져도 정보가 사라지지 않는다. 또 구조가 단순해 D램처럼 집적하기 쉽다.

:: F램 난제 해결한 금속산화물

그런데 순조롭게 진행되던 F램 연구에 심각한 문제가 생겼다. F램에 쓰고 지우기를 반복하자 일정 회수 이상에서 메모리소자인 강유전체가 자신의 성질을 잃어버리는 것이다. 이를 강유전체의 피로현상이라고 부른다. 강유전체 피로현상은 십 년이 넘도록 해결되지 않았고, F램 개발은 정체 상태에 빠졌다.

그런데 얼마 전 국내 연구단이 이 난제를 풀어냈다. 서울대 노태원 교수가 이끄는 산화물전자공학연구단은 강유전체의 피로현상이 일어나는 원인이 산화와 환원에 있다고 가정했다. 즉 강유전체에서 가끔 산소가 떨어져 나가는 현상이 생기는데, 이 때문에 강유전체가 자신의 성질을 잃는다는 것이다. 연구단은 금속산화물의 한 종류인 비스무스-티타늄 산화물(BTO)로 이 가설을 증명했다.

더 나아가 연구단은 BTO에서 비스무스 이온 몇 개를 란타늄으로 치환해 피로현상을 없앤 란타늄 도핑 비스무스-티타늄 산화물(BLT)이 F램의 소재로 사용할 수 있다는 사실을 밝혔다. 오랫동안 풀리지 않던 F램의 난제가 풀린 것이다. 현재 BLT를 메모리 소자로 사용하는 F램을 하이닉스사가 개발하고 있다.

∷ 두 얼굴의 신재료, 다강체

최근에는 다강체가 금속산화물의 새로운 아이템으로 주목받고 있다. 다강체란 양극과 음극으로 갈라진 상태를 유지하는 강유전체의 성질과 N극과 S극으로 갈라진 상태를 유지하는 강자성체의 성질을 모두 가진 물질이다.

한 물체에서 강유전체와 강자성체의 성질이 함께 있으면 무엇이 좋을까? 다강체를 이용하면 전기로 저장하는 D램과 자기로 저장하는 하드디스크의 특성을 공유하는 메모리를 만들 수 있다. 예를 들어 전기로 1과 0을 기록하고, 동시에 자기로 1과 0을 기록하면 집적도는 2배 높아진다. 여기에 전기로 쓰고 자기로 읽거나 반대로 자기로 쓰고 전기로 읽는 식의 다양한 기능을 구현해볼 수 있다.

그러나 문제는 지금까지 절대영도(-273℃)에 가까운 극저온에서만 다강체가 발견됐다는 점이다. 상용화되려면 좀 더 높은 온도에서 다강체 성질이 나타나야 한다. 노태원 교수팀이 연구하고 있는 테르븀-망간 산화물(TbMnO3)이 유력한 후보다. 그 자체로는 다강체 성질이 없지만 구조를 바꾸면 비교적 고온에서 다강체 성질을 나타낸다.

원래 '테르븀-망간 산화물'은 직육면체 모양인데, 레이저 광선을 쏴 크리스털 위에 조심스럽게 쌓아 올리면 정육면체로 바꿀 수 있다. 모양이 바뀌면 성질도 바뀐다. 현재 -173℃ 이상의 온도에서도 다강체 성질이 나타났다. 다강체 실용화에 바짝 다가선 것이다.

:: 겹겹이 쌓아 신물질 만든다

이처럼 현재 금속산화물 연구에 필수적인 장비는 레이저 광선이다. 레이저 광선을 이용해 겹겹이 얇게 쌓으면 없던 성질이 나타나기 때문이다. 쌓기 원하는 물질을 곱게 빻고 다시 단단하게 뭉쳐 시료를 만든다. 이렇게 만든 시료에 강력한 레이저 광선을 쏘면 시료 물질이 플라즈마 상태로 바뀐다. 각도를 잘 맞춰 플라즈마가 튀어나가는 방향에 크리스털 판을 놓으면 판 위로 산화물층이 얇게 쌓인다.

한계에 다다른 반도체 분야에 금속산화물 연구가 새로운 해결책을 던지고 있다. 금속산화물의 비밀을 한 꺼풀 벗겨 낼 때마다 묵은 난제들도 하나씩 풀리게 될 것이다. 반도체라는 신재료가 새로운 세상을 열었던 것처럼 신기한 성질을 가진 금속산화물이 등장해 또다시 새로운 세상이 열리길 기대해 본다.

미래로 나아가는 첨단 기술 08

공짜로 전기 만드는 시대 온다

해마다 여름이 되면 전기사용량이 급증하지만 성남시 한 전원주택에 사는 오 씨는 걱정이 없다. 지난 4월 전기요금 고지서에 나온 금액이 870원. 5월에 540원이더니 이번 6~7월은 단 200원이었다. 오 씨의 전기요금이 이렇게 싸게 나온 비결은 뭘까?

값싼 전기요금의 비밀은 올해 초 지붕에 설치한 태양광발전 시설에 있다. 오 씨의 주택은 태양광발전 시설에서 만든 전기를 먼저 쓰고, 부족한 양 만큼만 한국전력으로부터 받아 쓴다. 햇빛이 강한 날은 전기가 남아돌아 거꾸로 한국전력으로 전기를 보낸다. 이때 전기 계량기의 눈금은 반대 방향으로 돌아간다. 계량기 눈금이 반대로 돌아간 만큼 다음 달 전기 요금은 차감된다.

6월 전기요금 고지서에 나온 200원은 뭘까? 한국전력에서 가져다 쓴 전기보다 보낸 전기가 많을 경우 부과되는 기본요금이 200원이다. 햇빛이 좋은 여름철에 전기를 많이 벌어 놓으면 가을까지 추가 요금 없

이 전기를 사용할 수 있다. 게다가 태양광발전 사업을 신청하면 남는 전기를 한국전력에 팔고 돈을 받을 수도 있다. 단 이때는 정부가 주는 설비 보조금을 받을 수 없다.

정부는 2004년부터 '태양광 주택 10만 호 보급 사업'을 시행하고 있다. 2012년까지 개인이 일반주택에 3kW 이하의 태양광발전 설비를 설치하면 정부로부터 1kW 당 540만 원을 지원 받을 수 있다. 이는 전체 비용의 60~70%에 해당하는 금액이다. 정부는 태양광 주택의 보급을 늘리기 위해 설치비를 적극 지원하고 있다.

:: 반도체로 만든 1세대 태양전지

남아도는 태양에너지로 전기를 만든다는 생각은 사실 아주 오래 전부터 있었다. 1839년 프랑스 물리학자 에드몬드 벡쿼릴은 빛을 가하면 전류를 발생시키는 물질을 발견했다. 최초의 태양전지가 발명된 것이다.

1954년 미국 벨연구소에서 처음 상용화한 1세대 태양전지는 실리콘을 이용해 만들었다. 실리콘 태양전지는 P형 반도체와 N형 반도체를 붙이고 전선을 연결한 것이다. 여기에 빛을 쏘이면 빛에너지에 의해 전자가 이동하며 전선을 타고 전류가 흐른다. 우리 주변에서 1세대 태양전지를 사용한 제품은 쉽게 찾을 수 있다. 전자계산기, 탁상용 시계 등 비교적 전력 사용량이 작은 전자기기에 널리 쓰이고 있다.

처음 개발된 태양전지의 에너지 효율은 약 6%에 불과했다. 그 뒤로 반도체 기술이 발달하면서 태양전지의 에너지 효율도 좋아지기 시작했다. 실리콘을 얇게 만들어 빛이 쉽게 침투하도록 하자 에너지 효율은 15%까지 올라갔다. 또 특수한 무기 재료로 효율을 20%까지 높인 태양전지도 등장했다.

효율이 높은 태양전지는 첨단 산업에 널리 쓰인다. 인공위성, 행성 탐사 로봇, 우주정거장은 기본적으로 외부로부터 에너지를 받을 수단이 없기 때문에 태양전지로부터 동력을 얻는다. 해마다 열리는 태양전지 자동차 대회도 태양전지 개발에 박차를 가했다.

그런데 문제는 이런 첨단 태양전지들은 만드는 비용이 매우 비싸다는 점이다. 정밀 반도체 공정에서 사용하는 것과 똑같은 방식으로 만들어야 하기 때문이다. 그래서 현재까지도 가장 많이 쓰이는 제품은 초기에 개발한 에너지 효율 6%의 태양전지다. 효율은 떨어지지만 단가가 싸기 때문에 넓은 지역에 깔아 전기를 생산하겠다는 것이다.

:: '효율' 숙제와 씨름하는 2세대 태양전지

2세대 태양전지는 생산 단가를 낮추는 쪽으로 초점이 모아졌다. 태양광발전의 특성상 넓은 지역에 대규모로 설치할 수밖에 없기 때문에 설비 단가가 낮아질수록 전기 생산 비용도 낮아진다. 이들은 값비싼 반도체 물질 대신 값싼 유기염료를 사용한다.

기본 원리는 무기물 기판 위에 태양빛을 흡수하는 유기염료를 얇게 입히는 것이다. 식물의 잎은 빛을 받아 에너지를 만드는 광합성을 하는데 유기염료도 이처럼 빛을 받으면 양극과 음극으로 갈라져 전기를 만들 수 있다.

2세대 태양전지 중 하나인 염료감응형 태양전지는 전기가 통한 유리판에 산화물 나노입자를 쌓고 이를 유기염료 용액에 담가 만든다. 이때 나노산화물에 코팅된 유기염료는 음극이 되고, 유리기판은 양극이 된다. 고분자를 사용하는 고분자 태양전지도 개발돼 있다. 얇은 플라스틱 기판 위에 폴리시오펜(polythiophene)과 같은 고분자반도체 물질을 입히면 기판 쪽은 양극, 고분자반도체 쪽은 음극이 된다.

이들은 반도체를 만드는 값비싼 장비가 필요 없기 때문에 1세대 태양전지의 절반도 안 되는 가격으로 만들 수 있다. 특히 고분자태양전지는 기판을 플라스틱으로 쓰기 때문에 가볍고 투명하다. 아주 얇게 만들 수 있고, 휘어지도록 만드는 것도 가능하다. 건물의 창문이나 자동차 유리에 붙이는 식으로 사용하면 손쉽게 태양광발전 설비를 할 수 있다.

2세대 태양전지의 문제는 아직 효율이 크게 높지 않다는 점이다. 염료감응형태양전지와 고분자태양전지 모두 에너지 효율이 5%를 넘지 못했다. 상용화가 가능한 최소 효율 7%에 크게 미치지 못하는 수준이다.

이 가운데 국내 과학자가 2세대 태양전지의 효율을 획기적으로 높인 연구결과를 내놨다. 광주과학기술원 신소재공학과 이광희 교수팀은 6.5%의 에너지 효율을 내는 고분자태양전지를 만들어 2007년 국제적인 저널 《사이언스》에 실었다.

이 교수팀은 서로 다른 파장의 태양빛을 흡수하는 2종류의 기판을 얇게 만들어 합치는 방법으로 효율을 높였다. 즉 기존의 고분자 태양전지는 가시광선 영역의 파장만 흡수했다면, 이 교수팀은 여기에 근적외선 영역의 파장을 흡수하는 태양전지를 합쳤다. 그동안 태양빛의 파장 중 흘려보내고 있던 700~1,100nm의 빛을 잡은 것이다. 이 교수는 "앞으로 5년 안에 에너지 효율을 10%까지 끌어올리겠다"고 포부를 밝혔다.

환경과 에너지 문제는 21세기 과학기술의 최대 화두다. 미래학자들은 화석연료에 의지하는 현재 에너지 패러다임을 획기적으로 바꿀 과학기술이 나오지 않는다면 인류의 미래는 없다고 경고한다. 태양광발전은 핵융합, 수소 연료 등 차세대 에너지 시대가 열리기 전에 취할 수 있는 가장 현실적인 대안이다. 효율 높고 값싼 태양전지의 개발로 태양광발전의 시대가 활짝 열리길 기대해 본다.

미래로 나아가는 첨단 기술 09

삼중수소의 환골탈태(換骨奪胎)

보석류가 아니면서도 금보다 비싼 물질이 있다. 그것도 과거에는 쓰레기로 취급받았던 물질이다. 그 물질은 1g에 2,700만 원을 호가하니 1g에 약 4만 원(2009년 2월 기준)인 순금에 비하면 약 700배나 비싼 셈이다. '위험한' 쓰레기로 취급받다가 어느 날 갑자기 몸값이 치솟은 주인공은 바로 삼중수소(三重水素)다.

삼중수소는 자연계에 가장 많이 존재하는 보통 수소보다 무거운 수소를 말한다. T나 3H로 표기한다. 보통 수소원자는 양성자와 전자 하나씩으로 구성돼 있는데, 삼중수소원자는 여기에 중성자가 2개 더 붙어있다. 전자의 무게는 무시할 만큼 작으므로 이름처럼 '3배 무거운 수소'이다.

무거울 뿐 아니라 삼중수소는 보통 수소에는 없는 방사능을 가지고 있다. 삼중수소는 보통 헬륨(양성자 2개+중성자 2개)보다 중성자가 하나 적은 헬륨3(양성자 2개+중성자 1개)로 바뀌면서 18.6keV의 에너지를 낸다. 에너지가 크지 않기 때문에 종이나 물을 뚫지 못하고 사람의 피부도 통과할 수 없다. 다른 방사능 물질에 비해 삼중수소는 비교적 안전하다는 얘기다.

:: 산업계에서 맹활약하는 삼중수소

삼중수소가 만들어지는 곳은 중수로형 원전. 삼중수소는 이곳에서 나오는 방사성폐기물의 일종이었다. 다른 방사성폐기물은 조심스레 처리돼 땅속 깊숙이 묻히지만 삼중수소는 귀하신 몸이다. 여러 산업 분야에서 유용하게 활용할 수 있기 때문이다.

먼저 삼중수소는 스스로 빛을 내는 자발광체의 핵심 연료로 쓰인다. 삼중수소가 방출하는 베타선은 형광물질을 자극해 빛이 나게 한다. 마치 형광등이 전기로 자외선을 만들고, 자외선이 형광물질을 자극해 빛을 내는 원리와 비슷하다. 하지만 수명이 13년 정도로 형광등보다 5~6배는 더 길다. 또 전기 없이 작동하기 때문에 갑자기 정전이 되면 큰 사고의 위험이 있는 공항에서 활주로 유도등으로 쓴다.

또 공항에서 쓰는 검색대에도 삼중수소가 쓰인다. 최근 공항에서는 샴푸, 치약, 음료수 등의 액체 물질을 갖고 비행기에 탑승할 수 없다. 테러리스트들이 액체폭탄을 이들로 둔갑시킬 수 있기 때문이다. 고체 폭탄은 공항의 폭탄탐지기가 한번 스캐닝하면 대부분 잡아낼 수 있지만 액체폭탄은 폭탄감지기가 없다. 때문에 액체 물질은 일일이 가방을 검사해 비행기 반입 자체를 막는다.

하지만 중성자 검색대를 이용하면 이런 번거로움을 줄일 수 있다.

중성자 검색대는 물체의 형태만 검사하는 X선 검색대와 달리 물체의 성분까지 분석할 수 있다. 중성자를 수 초 동안 쏘아 그 반응에 따라 화학적 특성을 파악하는 것이다. 만약 물체의 화학적 특성이 니트로글리세린, 메틸 나이트레이트같이 폭탄과 유사한 물질이라면 경고음을 울린다. 중성자 검색대에서 중성자를 쏘기 위해 필요한 것이 바로 삼중수소다. 아직 오발견율이 높고, 검색 대상자의 신체를 적나라하게 드러내기 때문에 인권 침해의 소지가 있지만 곧 이런 문제들이 보완된 제품이 출시될 것이다.

:: 미래의 에너지, 핵융합로

앞으로 삼중수소가 활약할 가장 중요한 곳은 바로 핵융합로다. 핵융합은 태양이 에너지를 만드는 원리로 과학자들이 내놓은 미래 에너지의 최종 목표라고 할 수 있다.

핵융합로에서 사용하는 원료는 중수소(중성자 1개+양성자 1개)와 삼중수소. 이 둘을 초고온으로 가열하면 서로 충돌해 헬륨(중성자 2개+양성자 2개) 하나와 중성자 하나를 만들어 낸다. 이 때 질량이 줄어드는데, 이 질량이 아인슈타인의 유명한 공식 $E=mc^2$에 의해 엄청난 양의 에너지로 바뀐다.

그러나 이론을 실제로 바꾸기까지 해결해야 할 많은 난관이 있다. 핵융합이 일어나기 위해서는 1억℃ 이상의 온도를 유지해야 하는데 이 상태를 1분 이상 유지할 방법이 없는 것이다. 현재 우리나라의 차세대 초전도 핵융합 연구장치(KSTAR)는 초전도체를 사용해 목표 가동 시간을

300초까지 늘리는 데 성공했다.

KSTAT에 이어 한국과 유럽연합, 미국, 일본, 러시아, 중국, 인도가 공동으로 만들고 있는 국제핵융합실험로(ITER)가 완성되면 목표 가동 시간은 500초 가까이 늘어날 것이다. 시간은 걸리겠지만 그리 멀지 않은 미래에 실현화 될 것이다. 과학자들은 50년 내에 핵융합로 상용화를 목표로 하고 있다. 어쨌든 핵융합로 연구가 활발해지면서 삼중수소의 주가도 덩달아 뛰고 있다.

:: 세계 두 번째로 산업용 삼중수소 생산

경북 경주시 양남면 월성원자력발전소는 2007년 7월부터 산업용 삼중수소를 생산하기 시작했다. 캐나다에 이어 세계에서 두 번째다. 월성원전은 앞으로 해마다 700g 정도의 산업용 삼중수소를 만들 계획이다.

중수로형 원전에는 삼중수소제거설비(TRF)라는 것이 있다. TRF는 원전을 가동하는 과정에서 생기는 중수에서 삼중수소를 분리해 따라 저장한다. 원전 주변 지역으로 삼중수소가 배출되지 못하도록 하는 장치다. 이렇게 TRF에 모인 삼중수로를 분리하는 것이다.

문제는 TRF에 있는 삼중수소가 티타늄에 결합돼 있기 때문에 분리하기가 쉽지 않다는 점이다. 보통 온도를 700℃로 높여야 하는데 이 과정에서 삼중수소가 새 나와 방사능 오염이 일어날 수 있다. 월성원전 측은 이 문제를 해결하기 위해 고심 중이다.

과거 핵폐기물로 치부됐던 삼중수소는 엄청난 가치를 가진 물질로 탈바꿈했다. 안전하게 삼중수소를 생산할 수 있는 방법을 찾아내 막대한 부가가치를 창출하고, 인류의 희망인 핵융합 연구에도 기여할 수 있게 되기를 기대한다.

미래로 나아가는 첨단 기술 10
미개척 전파 '밀리미터파' 시대를 열다

전파에 정보를 담아 보낼 수 있다는 사실이 밝혀지면서 무선통신의 시대가 열렸다. 사람들은 다루기 쉬운 낮은 주파수의 전파부터 사용하기 시작했다. 가장 먼저 상용화된 진폭을 변조해서 정보를 싣는 AM라디오는 중파(0.3~3MHz)를, 주파수를 변조해서 정보를 싣는 FM라디오는 초단파(30~300MHz)를 사용한다. TV는 FM라디오가 개발된 시점과 비슷한 시기에 등장해서 주파수 대역 싸움을 벌였는데 결국 승리해 FM라디오보다 조금 낮은 주파수의 초단파를 차지했다.

1990년대 등장한 휴대전화는 이들이 차지하고 있는 주파수보다 더 높은 주파수를 사용할 수밖에 없었다. 셀룰러 휴대전화는 0.8GHz, PCS 휴대전화는 1.8GHz의 주파수를 사용한다. 이렇게 무선통신이 빠른 속도로 발전하면서 기존에 주로 사용하던 주파수는 포화 상태가 됐다. 그래서 더 높은 주파수의 전파를 이용할 수 있는 기술이 필요해졌다.

:: 전파 고갈의 해법을 찾아라

밀리미터파는 파장이 1~10mm이기 때문에 밀리미터파라고 부른다. 이를 주파수로 환산하면 30~300GHz가 된다. 밀리미터파는 출력을 강하게 하기 어렵고, 공기 중의 수증기와 만나면 쉽게 출력이 줄어드는 성질이 있어 그동안 우주관측과 군사용 레이더 같은 특수한 경우에만 쓰였다. 출력을 높이기 위해 장비를 크게 만들어야 하고, 이에 따라 가격도 매우 비싸 상용화하기 어려웠다.

그러나 국내 연구진에 의해 최근 밀리미터파의 새로운 가능성이 속속 드러나고 있다. 서울대 전기·컴퓨터공학부 권영우 교수가 이끄는 '3차원 밀리미터파 연구단'은 신천지나 다름없는 밀리미터파를 응용할 수 있는 원리와 기술을 속속 내놓고 있다.

첫 과제는 송수신 장치다. 연구단은 반도체칩을 사용해 작고, 값싼 밀리미터파 송수신 장치를 개발하고 있다. 전파 송수신 장치에는 전자회로와 같은 능동소자와 안테나, 필터 같은 수동소자로 구성된다. 능동소자는 집적하기 쉽지만 안테나 같은 수동소자는 파장이 길어질수록 커져야만 하므로 집적하기 어렵다. 그러나 밀리미터파처럼 파장이 짧아지면 3차원으로 회로를 구성하는 '마이크로머시닝기술'을 사용해서 반도체칩 형태로 집적할 수 있다. 연구단의 이름이 '3차원 밀리미터파 연구단'인 이유다.

밀리미터파의 상용화라는 면에서 연구단이 보유한 기술은 세계에서도 독보적이다. 연구단을 이끌고 있는 권영우 교수는 "밀리미터파는 무선통신 주파수가 더 높아져야할 때를 대비한 기반 기술"이라며 "이를 사용하면 무궁무진한 분야에 응용이 가능하다"고 강조했다.

:: 안개를 뚫고 달리는 자동차 레이더

현재 밀리미터파가 가장 먼저 상용화된 분야는 자동차 레이더다. 2006년 10월, 28대의 연쇄 추돌로 61명의 사상자를 낸 '서해대교 참사'를 기억할 것이다. 당시 서해대교에 낀 짙은 안개 때문에 운전자의 가시거리는 60~80m에 불과했다. 눈으로 확인한 순간 이미 브레이크를 밟아도 멈출 수 없는 거리였다. 만약 이들 차량에 밀리미터파를 사용한 레이더가 달려 있었다면 상황은 달라졌을 것이다.

이미 미국, 유럽, 일본의 고급차와 국내 일부 자동차는 밀리미터파를 사용한 레이더가 장착돼 안전 운전을 돕고 있다. 밀리미터파 레이더가 미치는 반경은 주변 150m까지이며, 높은 해상도를 갖고 있어 감지한 피사체가 차인지 도로 구조물인지, 내 차와 같은 차선인지 아닌지, 또 얼마나 떨어져 있는지를 정확하게 판별할 수 있다. 안개가 짙게 끼거나 눈이 많이 내리면 운전자의 가시거리는 줄어들지만, 밀리미터파는 날씨에 구애받지 않는다.

자동차 레이더를 응용하면 재미있고 편리한 전자기기를 만들 수 있다. 예를 들어 꽉 막힌 시내에서 스톱 앤 고(stop and go)라는

운전시스템을 사용하면 운전자가 엑셀과 브레이크를 밟지 않아도 자동으로 앞차를 따라간다. 밀리미터파는 정교한 해상도를 갖고 있기 때문에 앞차를 놓치지 않고 추적할 수 있다. 모르는 길을 갈 때 안내하는 차를 쫓아가느라 애쓸 필요도 없다. 차만 지정해 두면 적절한 거리를 유지하며 자동으로 따라간다.

:: 암세포만 죽이는 밀리미터파

밀리미터파는 앞으로 개인용 근거리 무선통신에 주된 수단으로 쓰일 전망이다. 현재 쓰이는 개인용 무선통신 블루투스는 대역폭이 좁고 속도가 느려 대용량 정보를 전달하는 데 사용하기 어렵다.

밀리미터파를 사용하면 허리에 찬 고화질 DVD플레이어의 영상을 안경 안에 장착된 소형 디스플레이에서 재생할 수 있다. 이때 밀리미터파가 멀리까지 퍼지지 않는다는 점은 개인용 통신에서는 보안을 생각할 때 오히려 장점이다. 멀리 퍼지는 전파라면 개인적인 통신을 다른 사람이 쉽게 듣게 돼 문제가 된다.

밀리미터파의 활용은 여기서 그치지 않는다. 특정 주파수의 전자파는 특이한 성질을 갖고 있는데, 물 분자를 진동시켜 열을 내는 전자레인지의 2,450MHz 마이크로파가 대표적인 예다. 권 교수 연구단은 밀리미터파 중에서 이런 특이한 성질을 갖고 있는 주파수가 없을지 조사하던 중 암세포에 반응하는 주파수를 찾아냈다.

암세포는 일반세포와 다른 구성성분을 갖고 있어 밀리미터파를 쪼였을 때 다르게 반응한다. 보통 암 판정을 할 때 쓰이는 조직검사는 약

1주일 걸리지만, 밀리미터파를 이용하면 수술하는 도중에도 암이 전이 됐는지 여부를 바로 알아낼 수 있다.

연구단은 밀리미터파로 암을 진단할 뿐 아니라 암세포를 제거하는 기술도 개발했다. 밀리미터파는 피부를 뚫고 들어가지 못하는 단점이 있다. 그래서 주사처럼 찔러 밀리미터파를 쏘는 탐침을 사용한다. 암세포가 있는 조직까지 찌른 뒤 밀리미터파를 발사하면 암세포만 선택적으로 태운다. 현재 쓰이는 저주파 치료기의 100분의 1 전력으로도 작동이 가능하다.

자동차 레이더부터 개인 근거리 무선통신, 그리고 암세포 치료까지. 쓸모없어 보였던 밀리미터파를 연구하면 할수록 숨겨진 쓸모가 속속 드러나고 있다. 밀리미터파의 행보가 어디까지 이어질지 궁금하다.

미래로 나아가는 첨단 기술 11

옷, 그 이상의 옷!

> ■ 퀴즈
> 세상에서 가장 비싼 옷은 무엇일까? (정답은 글 마지막에)

약 100만 년 전 처음 등장한 옷은 기원전 3000년 인도에서 식물섬유를 이용한 천이 등장하면서 첫 번째 혁신을 이룬다. 추위를 막는 일차적인 기능에서 벗어나 아름다움을 표현하는 수단이 된 것이다. 그 뒤 천을 짜는 방직기가 개발되고, 나일론을 필두로 합성섬유가 등장하면서 옷의 대중화는 급속도로 진행됐다. 이를 통해 서민들도 값싸고 질 좋은 옷을 가질 수 있게 됐다.

그리고 21세기에 들어서면서 옷은 두 번째 혁신을 맞이한다. IT, BT, NT 등 첨단 과학이 옷에 결합되면서 '입는 것' 이상의 의미의 옷이 등장한 것이다. 이미 등장했고 또 미래에 등장할 첨단 옷의 세계를 살펴보자.

:: 더우면 시원~ 추우면 따뜻~해지는 옷

 2001년 이탈리아 코포 노베사는 기온이 올라가면 저절로 소매가 말려 올라가는 신기한 셔츠를 개발했다. 이 옷에는 특정 온도가 되면 원래 형상으로 되돌아가는 형상기억합금이 쓰였다. 형상기억합금을 실처럼 가늘게 만든 뒤 일반 섬유와 함께 짜서 천을 만든다. 형상기억합금이 변하는 모양을 이용해 옷을 만들었기 때문에 날씨가 더워지면 자동으로 소매가 올라가 시원하게 해준다. 옷이 구겨졌을 때 다림질 할 필요 없이 헤어드라이어로 더운 바람을 쪼이면 자동으로 펴지는 것도 장점이다. 금속이 들어 있지만 물빨래도 가능하다고 한다.

 이와는 반대로 추위를 감지해 따뜻하게 해주는 옷도 있다. 이런 옷에 사용되는 대표적인 물질이 PCM(Phase Change Materials)이다. 상황에 따라 열을 흡수하거나 방출하는 성질을 갖고 있기 때문에 온도가 높을 때는 몸에서 나는 열을 흡수했다가 추워지면 저장했던 열을 방출해 따뜻하게 해준다. 현재 스키복, 등산복과 등산화 등에 쓰이고 있다.

 빨래가 필요 없는 자동 세탁 옷도 개발 중이다. 2005년 미국 크렘슨대 연구팀은 나노 크기의 은으로 코팅해 빨래할 필요가 없는 섬유를 개발했다. 때가 타도 옷 표면에 살짝 물을 뿌려주면 때가 흘러내린다는 것이다. 이 자동 세탁 옷

은 흙먼지가 묻지 않는 연꽃잎의 구조를 본떠 만들었다.

:: 총알도 화염도 뚫지 못하는 옷

사실 이런 첨단 옷은 우선 특수한 직업을 가진 사람에게 더 시급하다. 군인, 경찰, 소방관 등 특수 직업에 종사하는 사람들은 의복이 생사를 좌우하는 중요한 역할을 담당하기 때문이다.

총알이 빗발치는 전장의 군인과 범죄 현장에서 사고의 위험에 노출된 경찰에게 필요한 옷은 무엇보다 방탄 성능이 중요하다. 방탄복은 아라미드라는 인조섬유를 여러 겹 겹쳐 만들지만 무겁고 활동에 제약이 있다. 총알을 막으면서도 얇고 가벼운 옷이 필요하다. 우리나라 코오롱중앙연구원이 개발한 아라미드 섬유 헤라크론이 해결책이 될 수 있다. 헤라크론은 세계에서 가장 질긴 섬유로, 강철보다 29배에 해당하는 강도로 평상복처럼 가벼우면서도 총알에 뚫리지 않는 방탄복을 만들 수 있다.

미래의 군복과 경찰복은 방탄 성능은 물론이고 각종 IT 기기가 탑재돼 급박한 전장이나 사고 현장에서 상부와 교신이 가능하도록 할 것이다. 뼈가 부러졌을 때는 옷이 부목 역할을 한다. 나노 입자로 구성된 페로플루이드라는 물질은 자기장이 걸리면 순간적으로 유체에서 고체로 변한다. 이를 이용하면 뼈가 부러진 부위의 옷을 단단하게 만들 수 있다.

화재 현장에서 불과 싸우는 소방관을 위해서는 방화복이 필요하다. 현재 소방관이 입는 방화복 대신 가볍고 열 차단 효과는 더욱 뛰어난

방화복이 개발 중이다. 형상기억합금을 사용해 뜨거워질 때 옷이 부풀게 하면 옷과 피부 사이에 공기가 들어가 열을 차단하는 효과를 낼 수 있다.

:: 입는 컴퓨터의 시대 활짝

IT기술이 옷에 결합되면서 이른 바 유비쿼터스 퍼셔너블 컴퓨터(UFC)의 시대도 열리고 있다. 과거의 '입는 컴퓨터'가 휴대용 정보기기를 옷에 붙인 형태라면 UFC는 무선 통신 기술을 기반으로 IT와 패션을 융합한 제품을 말한다. 겉보기엔 영락없이 옷인데 입으면 신기한 기술이 들어 있다.

한국전자통신연구원(ETRI)가 개발한 '바이오 셔츠'는 입고 있는 사람의 맥박, 호흡, 체온을 측정할 수 있다. 이 셔츠는 지난 2006년 전국체전에 참여한 육상선수 20명에게 보급됐는데 선수들의 운동에 아무런 지장을 주지 않으면서 선수들의 상태를 파악할 수 있었다고 한다. 앞으로 바이오 셔츠를 입고 조깅을 하면서 손목시계를 통해 자신의 몸 상태, 속력과 달린 거리 등을 보는 사람이 많이 생길지 모른다.

UFC는 장애인의 불편을 해소해 사회에 적극적으로 진출하는 역할도 하게 될 것이다. 현재 말을 못하는 장애인이 수화를 하면 LCD 모니터로 수화에 해당하는 말이 나오는 옷이 개발됐다. 시각 장애인을 위해 책 위에 소매를 대면 스캐닝해서 책의 내용을 읽어 주는 옷도 있다. 이동이 불편한 사람을 위해 입으면 근력을 강화해 주는 옷도 개발 중이다.

구약성경을 보면 아담과 하와가 죄를 지은 대가로 부끄러움을 알게 됐고 그 때문에 옷이 필요하게 됐다고 한다. 부끄러움을 감추기 위해 생긴 옷이 오히려 자기를 표현하는 수단이 되고 인간 생활을 더욱 편리하게 만든다는 사실은 역설적이기도 하다. 계속 진화 중인 옷의 미래를 기대해 보자.

■퀴즈 정답

우주인이 우주 유영할 때 입는 선외우주복. 장갑 한 짝 가격만 2,400만 원이며, 전체 가격은 약 30억 원이다. 역사적 가치가 있는 골동품이나 진귀한 보석이 주렁주렁 달린 옷을 제외한다면 가장 값비싼 옷이다.

도시락 일곱

우주 정복의 꿈

우주 정복의 꿈 01

스푸트니크에서 국제우주정거장까지, 우주개발 50년사

2008년 이소연 박사가 국제우주정거장(ISS)에 다녀오는 임무를 무사히 수행하면서 우주에 대한 관심이 커졌다. 요즘은 각 나라들이 서로 협력하며 우주개발을 하고 있지만, 초기에 미국과 소련(현 러시아)의 우주개발 경쟁은 대단했다. 50년 우주 역사를 빠르게 돌려 보자.

:: 미국 교육 바꾼 스푸트니크 쇼크

1957년 10월 4일, 당시 2차 세계대전의 승리로 의기양양하던 미국 사회를 경악으로 몰아넣은 사건이 터졌다. 소련이 세계 최초의 인공위성 스푸트니크 1호를 발사하는 데 성공한 것이다. 그로부터 한 달 뒤인 11월 3일 소련은 또다시 스푸트니크 2호에 라이카라는 이름의 개를 태워 우주로 쏘아 올리는 데 성공했다.

인공위성을 띄웠다는 사실은 대륙간탄도미사일이 가능한 로켓 기술을 보유했다는 의미. 당시 소련은 미국 본토까지 공격할 수 있는 수소폭탄을 개발했다고 엄포를 놓았지만 미국은 소련의 기술로는 불가능하다고 코웃음 쳤었다.

인류 최초의 우주선, 스푸트니크호. 공에 기다란 촉수가 달린 모습이다.(사진 제공=소련우주국)

그러니 미국이 발칵 뒤집힌 것이 당연하다.

다급해진 미국은 당시 시험 중이던 뱅가드 로켓에 1.3kg의 인공위성을 실어 부랴부랴 발사대에 세웠다. 그러나 발사 시험을 완벽하게 끝내지도 못한 뱅가드 로켓은 1957년 12월 6일, 모든 미국인들이 TV 생중계로 지켜보는 가운데 발사대에서 주저앉으며 폭발했다.

스푸트니크 쇼크라고 불리는 이 사건으로 미국은 과학기술과 교육 부분에 전면적인 재수정을 하게 된다. 이때 대통령 직속 기구로 창설된 기관이 미국 항공우주국(NASA)이다. 또 소련의 미사일 공격에 통신망이 파괴될 것을 대비해 오늘날 인터넷의 전신인 '알파넷' 이라는 통신수단이 개발됐다. 창의성과 흥미를 중시하던 '진보주의 교육' 대신 수학과 과학 같은 기초학문을 강조하는 '본질주의 교육' 이 미국 교육의 대세로 등장하게 됐다.

미국은 이듬해인 1958년 1월 31일 주노 1호 로켓에 무게 14kg의 인공위성을 실어 우주로 쏘아 올려 어렵사리 체면을 차릴 수 있었다. 냉전시대 미국과 소련 간의 우주 경쟁이 본격적으로 점화된 것이다.

: : **최초의 유인 우주선, 보스토크 1호**

첫 인공위성의 영예를 소련이 차지하자 다음 관심은 자연스럽게 '누가 세계 최초의 유인 우주비행에 성공하느냐'로 옮겨졌다. 초반 기선을 제압한 소련이 이 영예까지 차지했다. 1961년 4월 12일 소련의 유리 가가린은 보스토크 1호에 탑승해 최초로 우주비행에 성공했다. 그리고 미국은 한 발 늦게 5월 5일 앨런 셰퍼드를 프리덤 7호를 태워 우주비행에 성공했다.

소련은 초반 주도권을 계속 유지하며 '세계 최초'의 수식어를 다는 성과를 속속 내놓았다. 1963년 6월 발렌티나 텔레슈코바가 최초로 여성 우주비행에 성공하고, 1965년 3월에는 알렉세이 레오노프가 최초로 우주유영하는 데 성공한다. 그야말로 소련의 독무대였다.

이제 양국의 관심은 달 착륙으로 이어졌다. 소련의 위세에 눌린 미국의 케네디 대통령은 취임연설에서 1960년대가 끝나기 전 달에 인간을 착륙시키겠다고 공언한다. 그러나 지구 궤도에 우주선을 올리는 일과 달까지 보냈다가 돌아오게 하는 일은 차원이 다른 문제였다. 먼저 달에 무인 탐사선을 보내 조사하는 일이 선행돼야 했다. 달로 보내진 미국과 소련의 탐사선들은 사진자료를 전송하며 달에 접근하다 달 표면에 충돌하기를 반복했다.

제대로 된 의미의 '달 착륙'에 처음 성공한 것도 소련이다. 1966년 소련은 무인 탐사선 루나 9호를 달의 '고요한 바다'에 연착륙시켰다.

역추진 로켓으로 연착륙에 성공함으로서 인간을 달에 보낼 가장 중요한 난관을 극복한 것이다.

:: 미국의 주도권을 회복한 달 탐사

자존심이 구겨질 대로 구겨진 미국에게 인류 최초의 달 착륙은 더 이상 양보할 수 없는 마지노선이었다. 아폴로 8호가 세 명의 우주인을 태우고 달을 10바퀴 돌고 지구로 무사히 귀환한 데 이어, 드디어 아폴로 11호의 암스트롱이 인류 최초로 달 표면에 발을 딛는 데 성공한다. 늘 뒷북만 치던 미국이 처음으로 역전에 성공한 것이다.

미국은 그 뒤로 아폴로 17호까지 6번 더 인간을 달에 보냈다. 반면 김이 빠진 소련은 달에 인간을 보내는 대신 무인 탐사선을 통해 시료를 채취해 오도록 했다. 덕분에 아직까지 달에 인간을 보낸 나라는 미국이 유일하다. 그리고 이 성공 이후로 미국은 지금까지 우주 탐사에 대한 주도권을 넘겨주지 않고 있다.

그 뒤 미·소 간의 우주탐사 경쟁은 행성으로 이어진다. 소련의 금성 탐사선 비너스호와 미국의 화성 탐사선 바이킹 1, 2호, 목성 외곽의 행성 탐사선 보이저 1, 2호가 대표적이다. 양국은 1970년대부터 우주정거장 개발도 경쟁했다. 1971년 소련이 최초의 우주정거장 살류트를 발사하자 1973년 미국은 스카이랩을 발사했다. 1986년에 다시 소련이 최초의 유인 우주정거장 미르를 발사해 이에 응전했다.

:: 경쟁에서 화해로

그러던 1975년 7월, 치열한 우주개발 경쟁이 화해 무드로 전환하는 일대사건이 벌어진다. 미국의 닉슨 대통령이 소련의 코시킨 수상을 만나 냉전시대의 긴장을 완화하기 위해 공동우주실험협정을 채결한 것이다. 바로 아폴로-소유즈 시험계획이다. 7월 17일 아폴로 18호와 소유즈 9호가 역사적인 도킹에 성공하게 된다.

이 사건을 계기로 양국의 우주개발 경쟁은 주춤해졌다. 천문학적인 비용이 드는 우주개발이 양국 모두 큰 부담이 됐던 것이다. 미국은 우주정거장 계획을 취소하고 대신 우주왕복선 개발에 착수했다. 한 번 쓰고 버리는 우주선에 비해 재사용이 가능한 우주왕복선은 경제적인 선택이었다. 1981년 4월 12일 최초의 우주왕복선 컬럼비아호를 시작으로 챌린저호, 디스커버리호가 차례로 개발돼 우주로 올라갔다.

80년대 사회주의의 몰락과 함께 소련은 우주개발 경쟁에서 물러나고 미국이 맹주로 군림하게 된다. 엄청난 비용이 드는 대형 프로젝트 대신 허블 망원경, 화성 탐사선 같이 실용적인 프로젝트가 진행됐다.

:: 우주정복을 위한 지구 연합기지, ISS

그리고 21세기, 우주개발도 국제 협력하는 시대가 됐다. 40년 동안 NASA는 독자적으로 우주개발 계획을 수립하고 시행해 왔으나 이제는 국제 협력 방안을 모색하고 있다. 대표적인 계획이 ISS이다.

우주정거장 계획은 달과 행성 탐사를 위한 중계기지로 1982년부터 추진됐었다. 그러나 미국 혼자의 힘으로 이를 건설하기란 무리였다.

1992년 미국은 유럽 우주기구 산하 11개국과, 일본, 캐나다, 브라질, 러시아를 끌어들여 국제우주정거장 계획을 수립했다.

최근에는 미국과 소련이 주도하던 우주개발 계획에 일본, 중국, 인도가 뛰어들었다. 이른바 '문 러시(moon rush)' 다. 2007년 9월에 일본이 달 탐사위성 가구야호를 발사한 데 이어 중국이 10월에 달 탐사위성 창어 1호를 발사했다. 인도는 2008년 4월 달 탐사위성 찬드라얀 1호를 발사할 계획이다.

각 국가가 우주개발에 이처럼 국력을 집중하는 이유는 우주개발 중에 산업기술의 기반이 되는 수많은 기술들이 부가적으로 얻어지기 때문이다. 우리나라의 우주개발은 이들 나라에 비하면 아직 뒤진 것이 사실이다. 우주개발에 대한 관심과 지원이 전폭적으로 늘어나 우주개발사에 우리나라의 이름도 함께 기록되길 기대해 본다.

국제우주정거장(International Space Station)은 지구 궤도를 돌고 있는 다국적 우주 정거장이다.

우주 정복의 꿈 02
동물 희생 위에 세워진 우주 개척

다른 실험에서 그렇듯 초기 우주개발에서 실험동물의 역할은 절대적이었다. 동물들은 우주인이 우주로 가기 전 무중력 상태에서 생체 내에 어떤 변화가 일어나는지 많은 정보를 제공했다. 최초의 우주개 라이카부터 이소연 박사와 함께 갔던 초파리까지 우주 개발을 위해 헌신한 동물들을 돌아보자.

:: 슬픈 영웅, 라이카

1957년 10월 4일 소련은 최초의 인공위성을 발사해 우주 개발에 신호탄을 올렸다. 지름 58cm, 무게 83.6kg의 작은 공처럼 생긴 스푸트니크 1호가 그 주인공이다. 그리고 그로부터 한달 뒤 지름 2m의 원통형에 무게 504kg의 스푸트니크 2호가 발사됐다. 크기도 더 컸지만 크기 이상의 의의가 있었다. 바로 최초의 우주동물인 라이카란 이름의 개가 탑승하고 있었기 때문이다.

라이카는 시베리안허스키종으로 모스크바 시내의 떠돌이 개였다고 한다. 원래 쿠드랴프카라는 이름이 있었지만 부르기 힘들어 라이카로 바뀌었다. 스푸트니크 2호 발사 전 소련은 라이카의 목소리를 녹음해 라디오를 통해 전 국민에게 들려주는 등 한껏 분위기를 띄웠다.

스푸트니크 2호에는 라이카가 우주에서 생존할 수 있도록 산소 발생기, 이산화탄소 제거 장치, 온도조절 장치가 달려 있었고, 물과 음식을 공급하도록 설계돼 있었다. 라이카의 맥박, 호흡, 체온 등을 감지하는 전극이 있어 지상의 관제탑으로 송신하도록 돼 있었다.

라이카는 스푸트니크 2호에 꽁꽁 묶인 채로 실려 우주로 쏘아 올려졌다. 소련은 라이카가 우주공간에서 지구를 바라보며 1주일 동안 생존하다가 미리 설치한 장치로 약물이 주입돼 고통 없이 생을 마쳤다고 발표했다.

하지만 이 발표는 2002년 거짓으로 들통 났다. 미국에서 열린 세계우주대회에서 러시아 생물학연구소의 디미트리 말라센코프 박사가 당시 라이카에 대한 데이터를 내놓은 것이다. 그가 내놓은 자료를 보면

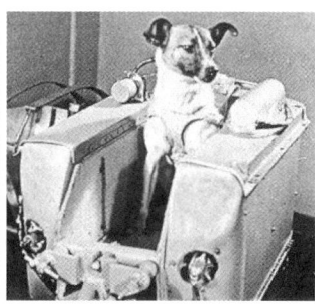

최초의 우주동물 라이카. 라이카는 소련이 발표한 바와 달리, 공포에 질려 발사 몇 시간 만에 죽었다.(사진 제공=소련우주국)

라이카의 심장박동수가 3배 이상 빨라졌다가 정지됐다는 사실을 알 수 있다. 라이카는 가속도와 고온을 견디지 못하고 로켓이 발사된 지 몇 시간 만에 공포에 질려 죽었다.

라이카의 이름은 소련의 우주개발 기념비에 새겨져 있고, 우표로도 나왔다. 2007년에는 50주년을 맞아 라이카를 기념하는 동상까지 세워졌다. 비록 소련의 발표는 거짓이었지만, 우주개발에 기여한 라이카의 공로를 폄하할 사람은 없을 것이다.

:: 우주에서 임신한 바퀴벌레

다음 과제는 우주로 보낸 동물을 무사히 지상까지 다시 데려오는 일이었다. 1959년 미국은 붉은털원숭이 에이블과 다람쥐원숭이 베이커를 480km 상공까지 올려 무중력 상태를 경험하게 한 뒤 무사히 귀환시켰다. 하지만 아직 지구 궤도를 도는 진정한 의미의 우주여행에 성공한 것은 아니었다.

소련은 1960년 스트렐카와 벨카라라는 이름의 개를 태운 스푸트니크 5호를 우주로 올려 지구를 17바퀴 일주한 뒤 무사히 귀환시키는 데 성공했다. 소련은 동물 실험을 통해 얻은 데이터로 유인우주선 제작에 들어간다. 그리고 결국 1961년 4월 12일 유리 가가린은 보스토크 1호를 타고 인류 최초로 우주를 정복하게 된다.

그 뒤로 동물보호단체의 반발 속에서도 우주에서 동물 실험은 계속됐다. 주로 중력이 없는 특수한 환경에서 신체에 어떤 변화가 일어나는지 알아보기 위한 실험이었다. 특히 우주왕복선과 국제우주정거장(ISS)

이 만들어진 뒤로 우주 동물 실험은 더욱 활발해졌다. 기존 우주선보다 실험할 공간이 넉넉했기 때문이다.

우주왕복선 컬럼비아호에는 1993년 48마리의 쥐가 실렸고, 1998년 쥐, 귀뚜라미, 개구리, 뱀, 물고기 등이 실린 적도 있다. 무중력 상태에서 생물의 신경계가 어떤 영향을 받는지 알아내기 위한 실험에 쓰였다.

러시아는 1996년 원숭이 2마리와 도롱뇽을 소유즈 우주선에 태운 적이 있으며, 2005년에는 달팽이 50마리, 전갈, 도마뱀붙이 등을 실어 ISS로 보냈다. 이들은 주로 스트레스가 생물의 신경계에 미치는 영향을 조사하는 데 쓰였다.

2007년에는 최초로 우주에서 임신하는 생물이 탄생했다. 나데즈다라는 이름의 암컷 바퀴벌레는 생명과학 실험을 위해 만들어진 무인 캡슐 '포톤M'에 실려 우주 공간에서 12일을 보내는 중 임신에 성공했다. 우주여행을 보낸 60마리의 바퀴벌레 중 절반은 스트레스로 죽었다. 과학자들은 출발·도착할 때의 가속도, 무중력 상태, 온도 변화 같은 엄청난 스트레스를 받으면서도 임신에 성공한 바퀴벌레의 생존력에 혀를 내두르고 있다. 현재 나데즈다의 새끼들은 러시아 보로네슈의 연구소로 옮겨져 보살핌을 받으며 자라고 있다.

한국 최초 우주인 이소연 박사도 우주 동물 실험을 했다. 이소연 박사는 초파리 1,000마리가 든 가로 2cm, 세로 10cm, 높이 5cm의 상자를 갖고 우주에 올랐다. 우주에서 초파리의 중력 감지 유전자를 확인하는 실험을 하기 위해서다. 이소연 박사는 ISS에서 매일 5분씩 초파리의 움직임을 기록했다. 지상에 돌아온 초파리는 노화 유전자를 찾기 위한 실험에 쓰이고 있다.

앞으로도 동물을 이용한 우주 실험은 계속될 것이다. 언론에서 우주 개발의 성과가 보도될 때마다 그를 위해 희생한 동물들의 노고를 한번쯤 기억하자.

우주 정복의 꿈 03
ISS의 물류는 우리가 책임진다!

국제우주정거장(ISS)은 사람이 타고 있는 유일한 인공위성이다. 이소연 씨 같은 단기 체류 우주인도 있지만 보통 6개월 이상 거주한다. 아무것도 없는 우주에서 사람이 살려면 음식, 물, 연료 등 많은 물자가 필요하다. 이에 ISS의 물류를 책임지는 3총사가 있으니 바로 소유즈, 프로그레스, 우주왕복선이다.

:: 사람 나르는 승용차 – 소유즈

이소연 씨는 ISS에 갔다 올 때 러시아 3인승 우주선인 소유즈(Soyuz)를 이용했다. 러시아어로 '소유즈'란 동맹, 연합의 뜻이다. 1967년 최초의 유인 발사 이후 40년이 지난 지금까지도 멀쩡히 쓰고 있는 그야말로 '전통의 우주선'이다. 초기 우주개발에 활발히 참여했다가 현재는 주로 살류트(Salyut), 미르(Mir), ISS 같은 우주정거장에 도킹해 우주인을 보내고 귀환시키는 임무를 담당하고 있다.

경쟁자였던 아폴로 우주선과 비교할 때 소유즈는 작고 가벼운 것이 장점이다. 덕분에 비용을 적게 들이면서 우주에 사람을 보낼 수 있다. 소유즈의 생명유지장치는 3명의 우주인이 우주에서 3.2일 동안 생명을 유지할 수 있도록 산소를 공급하고 이산화탄소를 제거한다. ISS까지 가는 데 이틀, 돌아오는 데는 3시간 반이 걸리기 때문에 이 정도면 충분하다.

소유즈는 3개의 모듈로 돼 있다. 가장 위쪽인 궤도모듈은 카메라와 통신·실험장비 등이 실리는 곳이다. 가운데인 귀환모듈은 우주인이 탑승하는 곳으로 생명유지장치와 귀환할 때 필요한 낙하산과 추진장치가 달려 있다. 제일 아래쪽에 달린 추진모듈에는 추진장치와 태양전지판이 달려 있다. 주로 ISS의 아래쪽에 도킹해 우주인을 전송한다.

우주왕복선과 달리 소유즈는 한 번 쓰고 버리기 때문에 불필요한 부분은 차례로 떼어내도록 설계돼 있다. ISS에서 귀환할 때 3시간 동안 천천히 떨어지다가 먼저 궤도모듈이 분리되고, 곧이어 추진모듈이 분리된다. 궤도모듈과 추진모듈은 대기권에 들어가 타 없어지고, 귀환모듈만 남는다.

:: 물건 나르는 소형트럭 – 프로그레스

물건 운송은 프로그레스(Progress)가 맡는다. 프로그레스는 옷, 음식, 실험 장비 같은 물자와 연료를 실어 나르는 러시아의 무인 화물 우주선이다. 이소연 씨가 소유즈 우주선을 타고 오르기 두 달 전인 2008년 2월 5일 실험 장비와 음식 등을 싣고 먼저 출발했다. ISS에 상주하는 우주인들에게 프로그레스에는 '크리스마스 선물'과 같은 존재다. 늘 건조 음식으로 끼니를 때우기 일쑤지만 프로그레스가 도착한 당일에는 신선한 음식을 먹을 수 있기 때문이다. 거기에다 그리운 가족과 친구의 편지도 함께 전해진다.

프로그레스의 외형은 소유즈 우주선과 매우 흡사하다. 하지만 무인 우주선으로 설계됐고, 한 번 쓰고 버리기 때문에 총 중량을 줄일 수 있었다. 초기모델이었던 프로그레스는 7,020kg의 무게에 2,300kg의 화물을 실을 수 있었다. ISS의 가장 앞쪽에 도킹해서 화물과 연료를 전달한 뒤 분리된다. 분리된 프로그레스는 대기권에 들어가 타 없어지는 것으로 임무를 종료한다.

1989년부터 사용된 프로그레스M은 프로그레스를 업그레이드 한 우주선으로 현재까지 쓰고 있다. 총 무게는 7,130kg으로 약간 줄어들었음에도 화물은 프로그레스보다 더 많은 2,600kg을 실을 수 있도록 개량됐다. 건조 화물과 액체 화물을 나눠 실을 수 있도록 설계됐고, 태양전지판이 달려 태양에너지를 이용할 수 있게 했다.

2000년부터 쓰기 시작한 프로그레스M1은 기본적으로는 프로그레스M과 같지만 추진제를 더 많이 실을 수 있는 모델이다. 추진제는 ISS의 고도를 높이기 위해 쓰인다. ISS의 평균 고도는 340km지만 놀랍게도 매달 2.5km씩 고도가 떨어지고 있다.

화물을 ISS에 다 옮겨 실은 뒤 프로그레스는 남아 있는 연료로 로켓을 점화해 ISS의 고도를 높인다. 고도 유지를 위해 쓰는 추진제의 양은 연간 7,000kg이나 될 정도다.

현재는 화물을 나르고 ISS 고도를 높이는 일은 프로그레스가 전담하고 있지만, 곧 유럽우주국(ESA)의 화물우주선 쥘 베른(ATV)과 일본의 화물우주선 HTV도 프로그레스를 도울 예정이다.

:: 설비 나르는 대형트럭 - 우주왕복선

ISS에는 수많은 모듈과 장비들이 달려 있다. 이들은 어떻게 우주로 올라갈 수 있었을까. 첫 번째 방법은 모듈 자체가 로켓에 실려 발사되는 것이다. 하지만 그 정도 규모가 아닌 장비들은 우주왕복선에 실려 올라간다.

2009년 3월 우주왕복선 엔데버호는 캐나다의 수리 전문 로봇인 '덱스터'와 일본의 실험 모듈인 '키보'를 싣고 ISS에 올랐다. 덱스터는 이미 설치된 로봇팔 캐나담2에 결합돼 '손' 역할을 하게 된다. 덱스터가 여러 모듈을 조립하고 수리하는 일을 맡게 되면 위험한 우주유영 회수가 줄어들 것이다. 키보는 앞으로 2번 더 우주왕복선에 실려 올라가야 한다. 한마디로 우주왕복선은 프로그레스에는 실을 수 없는 큰 장비를 나르는 대형트럭인 셈이다.

현재 운용 중인 우주왕복선은 애틀란티스, 디스커버리, 엔데버호로 모두 3대다. 하지만 ISS가 완성되는 2010년 이후 우주왕복선은 완전히 역사 속으로 사라지게 된다. 현재 운영 중인 우주왕복선은 2010년 9월로 모두 퇴역이 예정돼 있기 때문이다. 게다가 미국은 앞으로 우주왕복선 대신 로켓 형태의 새로운 우주선을 개발하고 있어 당분간 우주왕복선을 볼 일은 없을 것이다. 새 우주선 오리온이 상용화되는 2015년까지 미국은 러시아의 소유즈를 빌려 우주인을 ISS에 보내야 할 형편이다.

앞으로 우주개발은 ISS를 중심으로 진행될 것이다. ISS가 완성되기까지, 그리고 그 후에도 사람과 물자를 실어 나르는 물류 3총사의 활약을 주목해 보자.

우주 정복의 꿈 04

맨몸으로 우주에서 몇 초나 버틸 수 있나?

2007년 7월 러시아 연방우주청의 알렉세이 크라노프 국장은 '우주유영(space walk) 관광'을 허용한다는 취지의 발표를 했다. 지금까지 우주유영은 우주관광객이 아닌 특정 임무를 맡은 베테랑 우주인에게만 허용됐다.

우주복 하나만 달랑 의지해 우주공간을 누비는 우주유영은 상상만으로도 짜릿한 경험일 것이다. 스페이스 어드벤처스가 개발한 90분 동안의 우주유영이 포함된 상품 가격은 3,500만 달러로 최근 우주관광을 하고 돌아온 안사리가 지불한 2,000만 달러의 약 두 배에 달한다. 너무 비싸서, 또는 자격 조건이 까다로워서 할 수 없는 우주유영을 간접적으로나마 경험해 보기로 하자.

:: 최대 위협은 진공과 온도

우주공간은 근본적으로 생명체가 살 수 없는 곳으로 생명을 위협하는 많은 요소가 있다. 그 첫 번째는 위협은 진공이다. 지상에서 우리 몸이 밖에서 안으로 받는 압력은 약 1기압. 그러나 우리 몸도 안에서 밖으로 그만큼의 압력을 가하고 있기 때문에 아무 문제없이 생활할 수 있다. 그런데 우주공간의 진공상태에 노출되면 안에서 밖으로 가하는 압력만 남게 되니 위험하다.

그렇다고 노출되는 즉시 "펑-"하고 터지는 것은 아니다. 1950년대 NASA는 침팬지와 개가 진공상태에서 얼마나 오래 생존할 수 있는지에 대한 실험을 했는데 60초가량 생존하는 것으로 나타났다. 또 1965년 진공상태에서 훈련하던 우주인의 우주복이 찢어지는 사고가 발생했는데 15초 동안 진공에 노출됐으나 의식을 잃지 않았다. 이는 우리 몸을 덮고 있는 피부 덕분으로, 단지 몇 초 정도라면 버틸 수 있다.

우주공간의 또 다른 위협은 온도. 햇빛이 닿는 부위는 120도까지 올라가고 그림자가 진 부분은 영하 120도까지 내려간다. 아무리 단단한 금속이라도 이같이 온도 차가 크게 나면 쉽게 부서지는데 사람의 몸이야 말할 것도 없다. 햇빛이 닿는 부위는 순식간에 화상을 입고 반대편은 서서히 식는다. 우주에는 공기가 없으니 당연히 숨도 쉴 수 없다.

만약 우리 몸이 우주공간에 노출된다면 우선 입과 코로 몸 안의 수분이 빠져나가며 그 주변부터 얼어붙는다. 숨을 쉴 수 없어 혈액 속의 산소가 고갈돼 의식을 잃고, 30초~60초가 지나면 혈압이 낮아져 심장

박동이 멈추고 곧 죽음에 이른다. 이처럼 우주공간은 생명을 허용하지 않는 공포의 장소다.

:: 우주복의 꽃, 선외 우주복

우주유영을 하려면 이런 우주공간의 악조건을 극복해야만 한다. 이를 가능하게 해주는 것이 '선외 우주복'이다. 우주복의 꽃이라 할 수 있는 선외 우주복은 수많은 장치가 달려 우주인의 생존을 보장해 주고, 다양한 활동을 가능하게 해준다. 우선 대소변을 처리하도록 한 특수한 속옷을 입고 그 위에 스판덱스로 만든 냉각수가 흐르는 옷을 입는다. 선외 우주복의 가장 바깥에 노출되는 겉옷은 테프론과 폴라아미드 등 여러 겹의 특수한 재질로 만들어진다. 우주복의 어깨, 팔목, 허리 등 움직임이 필요한 마디에는 베어링이 들어 있어 활동성을 높인다.

선외 우주복 안은 순수한 산소로 채워진다. 지상의 공기가 약 20%의 산소를 포함하는 반면 우주

인은 100% 산소로 호흡한다. 질소가 혈액에 녹아 있을 경우 기압이 낮아질 때 혈액에서 질소가 끓어올라 위험을 초래할 수 있기 때문이다. 등에 달린 생명유지장치는 산소를 공급하고 이산화탄소를 제거하며 온도와 압력을 일정하게 유지시켜 주는 역할을 한다.

머리에는 가볍고 단단한 재질인 폴리카보네이트로 만든 헬멧을 쓴다. 헬멧에서 우주인이 밖을 내다보는 창은 자외선을 차단하기 위해 금으로 도금돼 있다. 우주공간에서 하는 작업은 지상보다 오래 걸리기 때문에 선외우주복에는 음료나 스프 형태의 음식을 먹을 수 있는 튜브가 달렸다.

:: 하루 전부터 준비해야

우주유영을 실시하기 하루 전에는 우주선이나 우주정거장의 기압을 낮춰 몸이 적응하게 한다. 우주유영 중에 선외 우주복 안쪽은 0.3기압 정도로 낮기 때문이다. 다음 날 우주유영을 하기 위해 우주인은 먼저 우주선 안에 있는 '공기 차단실'로 들어간다. 공기 차단실은 우주선 안과 밖의 중간지점이다. 이곳에서 우주복을 입고 우주유영을 위한 준비를 한다.

선외 우주복은 속옷과 하의를 먼저 입고 공기 차단실의 벽에 걸려 있는 상의에 미끄러져 들어가는 방식으로 입는다. 헬멧까지 쓰고 나면 시야는 제한되고 움직임도 자유롭지 못하다. 지금부터는 우주선 안의 산소가 아닌 우주복의 산소로 호흡한다. 준비가 다 끝나면 공기 차단실의 공기를 빼내 압력을 낮춘다. 이제 우주로 향해 난 문을 열면 우주공간이다.

　우주공간에서의 움직임은 깊은 물속에서의 것과 비슷하다. 우주공간에서는 힘을 가하는 방향의 반대 방향으로 몸이 움직인다. 이런 낯선 감각을 익히기 위해 우주유영의 훈련은 우주복을 입은 채로 물속에 들어가 부력과 중력의 합력이 0이 되는 지점에서 이뤄진다. 우주유영은 최소 한 번 이상의 우주여행 경험이 있는 자가 하며, 1년 가까이 훈련을 받은 뒤 실시한다.

　최초 우주유영은 1965년 3월 18일 러시아 보스토크 2호의 알렉세이 레이노프가 성공했다. 최장 기록은 미국 항공우주국(NASA)의 제임스 보스와 수전 헬름스가 갖고 있다. 2001년 3월 11일 디스커버리호에 탑승해 국제우주정거장 알파 도킹에 성공한 그들은 8시간 56분간의 우주유영 끝에 알파 외부의 도킹포트 위치 변경 작업을 마쳤다.

　위험 요소도 많고 힘든 훈련도 필요하지만 우주공간에서 둥둥 떠다니며 지구를 내려다보는 일은 여전히 매력적이다. 앞으로 우주여행이 보편화되면 우주유영을 할 수 있는 기회도 많아질 테니 우주유영에 관심 있는 사람은 지금부터 체력을 준비하는 것도 좋겠다. 돈은 갑자기 많아질 수 있어도 건강은 갑자기 좋아질 수 없으니 말이다.

도시락 여덟

괴짜 과학자들의 비밀 노트

괴짜 과학자들의 비밀 노트 01
내가 만든 건 무조건 먹어 봐야 해!
화학자 쉘레

〈산소〉라는 제목의 연극이 있다. 이 작품은 2001년 스웨덴 왕립과학아카데미가 노벨상 제정 100주년을 맞아 1901년 이전에 공을 세운 과학자에게 '제1회 거꾸로 노벨상'을 수여한다는 발상에서 시작한다. 노벨상 심사위원회는 산소를 최초로 발견한 과학자를 찾기 위해 논쟁을 벌이는데 여기에서 등장하는 과학자가 쉘레, 프리스틀리, 라부아지에다.

만약 ①무엇인지는 몰랐지만 산소를 처음 발견한 사람, ②산소 발견을 논문으로 쓴 사람, ③산소가 새로운 원소임을 알아낸 사람 중 한명에게 노벨상을 줘야 한다면 누가 좋을까? 연극은 이 세 사람 모두에게 상을 주는 것으로 결론난다. 이 중 무엇인지는 몰랐지만 산소를 처음 발견한 사람이 쉘레다. 언급된 세 명 중에서 가장 낯선 이름일 것이다. 사실 쉘레는 그 업적에 비해 저평가된 불운한 과학자다.

:: 약재상 점원에서 실험의 대가로

쉘레(Carl Wilhelm Scheele, 1742~1786)는 1742년 12월 9일 독일 스트라르즌스 지방에서 태어났다. 당시 이 지방은 스웨덴령이었기 때문에 쉘레는 독일인이면서 스웨덴 국적이다. 어린시절 넉넉지 못한 가정형편 때문에 시작한 약재상 일이 쉘레를 화학 분야로 이끌었다.

당시 약재상은 광석에서 추출한 성분을 약으로 만들어 팔았기 때문에 이곳에서 쉘레는 화학에 대한 실제적 지식을 얻을 수 있었다. 쉘레를 맘에 들어 한 약재상 주인은 쉘레에게 화학책을 사 주기도 하고, 실험기술을 가르쳐 주기도 했다. 쉘레가 실험의 대가로 불리게 된 이유는 바로 약재상에서 보낸 10년 덕분이었다.

27세 때 대학도시로 유명한 웁살라로 이주하면서 광물학자 베리만의 도움을 받은 쉘레는 연구 업적의 절정기를 맞이한다. 그가 남긴 위대한 업적의 대부분이 28~31세에 이뤄졌다. 그는 4년 동안 동시대 어떤 화학자보다 더 많은 원소와 물질을 발견했다.

:: 최초로 발견한 '불의 공기'

쉘레의 업적 중 가장 주목할만한 것은 기체분야 연구다. 그는 공기에는 연소를 유지시키는 성분과 그렇지 않는 두 가지 성분이 섞여 있다는 사실을 발견했다. 유리병 안에서 연소 실험을 한 결과 처음 기체의 5분의 1이 없어지고 5분의 4가 남은 것을 보고 5분의 1에 해당하는 공기가 연소를 유지시키는 기체라고 봤다.

1772년 그는 최초로 산소를 발견한다. 진한 황산에 이산화망간이 포함된 광석가루를 섞어 용기에 넣고 가열해서 새로운 기체를 만든 것이다. 이 기체를 다른 유리병에 모은 뒤 불을 붙인 초를 넣었더니 초가 눈부시게 타올랐다. 그는 이 기체에 '불의 공기'라는 이름을 붙였다. 최초로 산소가 발견된 순간이었다.

쉘레는 자신의 연구 내용을 《공기와 불에 대한 화학 논문》이란 제목으로 출판할 계획이었다. 그러나 안타깝게도 쉘레의 논문을 맡은 출판사가 출간을 4년이나 미루는 바람에 다른 사람에게 산소 발견의 공이 넘어갔다. 쉘레가 산소를 발견한 지 2년 뒤 영국의 프리스틀리가 다른 방법으로 산소를 얻어 논문으로 발표한 것이다. 쉘레는 프리스틀리가 표절했다고 주장했으나 인정받지 못했다. 다행스럽게 오늘날에는 쉘레와 프리스틀리를 산소의 공동발견자로 인정하고 있다.

:: 맛보는 습관 때문에 요절

이뿐만이 아니다. 염소, 질소, 망간, 바륨 등 수많은 원소를 발견하고 연구했지만 늘 프리스틀리를 비롯한 다른 화학자에게 간발의 차이로 선수를 빼앗겨 빛을 보지 못했다. 실제 그는 염소를 발견했음에도 불구하고 새로운 원소라는 사실을 깨닫지 못하고 산소의 화합물이라고 생각하기도 했다.

기체 이외 다른 분야의 업적도 주목할 만하다. 그는 염화은의 감광성을 실험해 염화은이 보라색 빛에 가장 빨리 검게 변한다는 사실을 알아냈다. 유기화학 분야에도 뛰어난 업적을 남겨 식물 열매 용액에 석탄수, 질산납을 가해 침전물을 만들고 이를 분해해 주석산, 구연산, 사과산 등의 유기산을 분리해 냈다. 또 그는 요결석을 연구해 요산을 발견하기도 했다. 쉘레의 연구 분야는 당대 어떤 화학자도 필적할 수 없는 어마어마한 범위였다. 오늘날 화학 교과서에 실린 많은 실험이 쉘레에 의해 처음 실행됐다.

쉘레 (Carl Wilhelm Scheele, 1742~1786)

쉘레는 한 가지 특이한 습관이 있었다. 바로 자신이 제조한 화학물질을 반드시 맛을 보고 확인해야 직성이 풀리는 것이었다. 일반 약품은 물론이고 비산, 염화제이수은, 청산 같은 독극물까지도 맛봤다고 한다. 이것이 화근이 돼 쉘레는 1786년 43세의 젊은 나이에 수은 중독으로 세상을 떠났다.

쉘레는 체계적인 교육을 받지 못해 이론에 약했다. 정작 중요한 발견을 하고도 그 원리를 제대로 설명하지 못해 공을 빼앗기는 경우가 허다했다. 하지만 그는 열정은 이론의 약함을 보완하기에 충분했다. 결혼도 하지 않고, 높은 지위도 없이 일평생 오직 실험에만 매달렸다. 1909년 노벨화학상을 수상한 오스트발드는 쉘레에 대해 "실험실에서의 일만이 그의 정신 전체를 지배했고 다른 어떤 것도 그의 마음을 움직이지 못했다"고 평했다.

괴짜 과학자들의 비밀 노트 02

머리가 커서 슬픈
닐스 보어

"20세기 물리학에 기여한 보어의 업적은 마땅히 아인슈타인 다음으로 꼽아야 한다."

퓰리처상을 받은 작가 리처드 로즈는 닐스 보어(Niels Henrik David Bohr, 1885~1962)의 업적에 대해 이같이 썼다. 현대 물리에 아인슈타인이 차지하는 자리는 그 누구도 넘볼 수 없을 만큼 확고하다. 그렇다면 두 번째로 꼽힌 보어는 어떤 업적을 남겼을까?

:: 러더퍼드와 운명의 만남

보어는 덴마크의 수도 코펜하겐에서 출생했다. 그의 아버지 크레스드얀 보어는 유명한 코펜하겐대 생리학교수였고, 어머니 엘런 아들러 보어는 부유한 유대인 가문 출신이었다. 보어는 유복한 환경에서 어린 시절부터 과학에 대한 관심을 키워 갔다. 그는 대학생 때 표면장력을 결정하는 방법인 '물 분사의 진동'에 대해 실험하고 이론적으로 분석해 덴마크 '왕립 과학문학 아카데미'의 금메달을 받으며 유명해지기 시작했다.

평소 전자를 발견한 톰슨을 동경했던 보어는 대학 졸업 후 그와 함께 연구하기 위해 영국 캠브리지 캐번디시 연구소로 갔다. 그러나 톰슨은 보어의 연구에 대해 무관심으로 일관했다. 크게 실망한 보어는 할 수 없이 맨체스터로 옮겨 러더퍼드와 함께 연구했다. 결과적으로 볼 때 톰슨과 헤어지고 러더퍼드와 만난 것은 다행이었다. 러더퍼드의 원자모형을 바탕으로 보어는 새로운 원자 모형을 제안했고 이 업적으로 노벨상까지 수상했으니 말이다.

보어가 남긴 가장 위대한 업적은 새로운 원자 모형을 제안해서 당시 빛의 복사에 관한 이론이었던 양자론을 원자론에 도입한 것이다. 당시 러더퍼드의 원자 모형은 실험을 통해 나온 여러 현상들을 잘 설명할 수 없었다. 보어는 막스 플랑크, 아인슈타인 같은 이론물리학자들이 발전시키고 있던 양자론을 러더퍼드의 원자 모형에 결합시켜 새로운 원자 모형을 제시했다.

:: 고전역학과 현대 양자역학의 교두보

양자(量子)란 어떤 물리량이 연속 값을 갖지 않고 단위량의 정수배로 나타날 때 그 단위량을 가리키는 말이다. 보어는 "모든 원자는 안정 상태 또는 불안정 상태로 존재할 수 있고, 각 상태의 에너지는 양자로 나타난다"고 가정했다.

보어의 원자 모형은 이렇다. 첫째 원자핵 주위에는 전자가 돌고 있다. 둘째 전자들이 도는 궤도는 각각 다른 에너지를 갖는다. 셋째 전자가 다른 궤도로 이동하면 에너지를 흡수하거나 방출하는데 이 값은 양자로 나타난다.

보어의 원자 모형은 당시 받아들이기 힘든 대담한 발상이었지만 분광학 실험들을 통해 사실임이 증명됐다. 이 모형은 양자론을 활짝 꽃 피우는 기폭제가 됐다. 즉 고전역학이 현대 양자역학으로 넘어가는 과정에서 보어의 원자 모형이 그 중간 역할을 담당한 것이다. 아인슈타인은 "엄청난 업적"이라는 말로 보어의 원자 모형이 갖는 의의를 설명했다.

물론 보어의 원자 모형에도 한계는 있었다. 전자의 개수가 1개인 수소 원자의 에너지는 보어의 원자 모형으로 완벽히 설명할 수 있었지만, 전자의 개수가 2개 이상일 때는 잘 설명할 수 없었다. 과학자들은 보어의 원자 모형을 여러 차례 수정해 오늘날 전자구름 모형으로 발전시켰다.

∷ 당신의 죄는 대두(大頭)?

보어는 원자 연구를 계속하는 한편 사회 문제에도 관심을 가졌다. 2차 세계대전 당시 보어는 미국이 주도하던 원자폭탄 개발 계획인 '맨해튼프로젝트' 소식을 미리 알았다. 그는 막강한 독일군을 이기기 위해 원자폭탄이 필요하다는 사실은 인정했지만 이 무기가 앞으로 세계에 미칠 영향에 대해 걱정했다. 보어는 차라리 핵개발의 내용을 소련에도 알려 주고 공동으로 기술을 관리해서 원자폭탄의 무차별 확산을 방지해야 한다고 생각했다. 안타깝게도 보어의 이 생각은 영국 수상이었던 처칠의 오해로 무산되고, 전쟁 후 세계는 핵개발 경쟁에 휩싸이게 됐다.

닐스 보어(Niels Henrik David Bohr, 1885~1962)

2차 세계대전 중 보어는 머리가 너무 커서 생사의 고비에 처한 재미있는 일화가 있다. 당시 독일 비밀 경찰에 쫓기던 보어는 영국 폭격기를 타고 도주하던 중이었다. 폭격기 조종사는 보어에게 낙하산을 주고 혹시 적기가 공격해 오는 불의의 사태가 벌어지면 그를 폭탄 투하구를 통해 투하하라고 지시받았다.

폭탄 투하구에 앉아 있던 보어에게 조종사와 교신하도록 송수신기가 주어졌지만 보어의 머리에 헤드폰은 너무 작았다. 비행기 조종사는 높은 고도로 올라가면서 산소마스크를 작용하라고 송수신기를 통해 말했지만 헤드폰을 끼지 못한 보어는 그 말을 들을 수 없었다. 결국 조종사는 폭탄 투하구에 누워 산소 부족으로 의식불명 상태가 된 보어를 발견했다고 한다.

2차 세계대전이 끝난 1962년, 닐스 보어는 77세의 나이로 사망했다. 2차 대전 동안 비서처럼 데리고 다녔던 아들 아게 보어(Aage Niels Bohr, 1922~)는 아버지가 이끌던 연구소를 계승했고, 원자핵의 구조 연구에 공헌해 1975년 아버지에 이어 노벨 물리학상을 수상했다.

닐스 보어는 고전역학이 현대 양자역학으로 넘어가는 과정에서 튼튼한 다리 역할을 감당했다. 양자역학은 어느 한 사람의 독창적인 생각이 아니라 여러 과학자들의 치열한 토론 끝에 탄생한 것이다. 과거와 현재의 생각을 폭넓게 아우르며 연결한 닐스 보어 덕분에 20세기 핵물리학이 활짝 열렸다.

괴짜 과학자들의 비밀 노트 03
ET의 존재를 주장한 조선 과학자, 홍대용

"큰 의심이 없는 자는 깨달음도 없다!"

18세기 조선의 대표적인 실학자 홍대용(1731~1783)의 말이다. 그는 의심을 통해 진리를 탐구하는 과학적인 사고의 선구자였다. 실용적인 학문으로 그릇된 세상을 바로잡으려 했다는 점에서는 다른 실학자와 같지만, 당시 이질적이었던 과학 사상을 배우고 전파하기 위해 애썼다는 점에서 다른 실학자와 구별된다.

당시 많은 실학자가 서양 문물에 관심을 가졌지만 홍대용처럼 과학에 관심을 둔 사람은 없었다. 그는 뛰어난 천문 관측으로 지구가 둥글며 회전하고 있다는 사실을 알아냈고, '우주 무한설'을 설파했으며, 심지어 외계인의 존재 가능성을 예측하기도 했다. 당시 조선의 분위기를 생각할 때 놀라운 통찰력이 아닐 수 없다.

:: 수학에 심취한 실학자

홍대용은 1731년 충청남도 수신면에서 태어났다. 양반 집안 출신이었지만 홍대용은 과거시험을 통해 관료로 들어가는 일반적인 전통에 따르기보다 순수하게 학문의 길을 밟기로 결심했다.

그가 먼저 관심을 가진 분야는 수학이다. 이는 서양 과학이 우수한 이유가 수학에 있다고 봤기 때문이다. 홍대용은 훗날 남긴 〈주해수용(籌解需用)〉을 통해 우리나라 수학이 '구장산술(九章算術)'의 범위를 벗어나지 못한 것을 비판하며 "새로운 창조와 경험으로 풍부해져야 한다"고 강조했다.

홍대용은 구장산술 외에도 수학계몽, 수학통종, 수법전서 등 많은 책을 정리하고 연구해 당시 수학을 집대성했다. 〈주해수용〉에서 그는 당시 수학의 거의 모든 부분을 망라해 잘못을 지적하고 분석했으며, 비율법, 약분법, 면적과 체적 등 근대적인 표현을 썼다. 홍대용의 수학에 대한 관심을 엿볼 수 있는 대목이다.

:: 천문학에 빠져 사설 관측소 설립

나이 29세에 호남의 학자 나경적을 만난 뒤로 홍대용의 관심은 천문학으로 옮겨간다. 나경적과 함께 혼천의를 제작하고 자명종, 혼상의도 만들었다. 홍대용이 만든 혼천의는 물을 사용해 움직이던 이전 혼천의와는 달리 기계시계를 톱니바퀴로 연결해 움직이게 한 것이다. 혼상의는 별의 위치와 별자리, 황도와 적도 등 천구의 표준 대원을 표면에 나타낸 일종의 천구의다.

홍대용은 더 나아가 사비를 털어 사설 관측소인 '농수각(籠水閣)'을 짓고 천체 관측 기구인 측관의, 구고의 등을 제작해 설치했다. 홍대용이 천체 관측 기구 제작에 열심을 낸 이유는 과학에서 가장 중요한 요소가 관찰과 실험이라고 생각했기 때문이다. 연못에 설치된 농수각에서 홍대용은 천체 관측에 열정을 쏟아 부었다.

홍대용(1731~1783)

1765년 홍대용의 나이 35세에 떠난 청나라 북경 여행은 그의 사상에 획기적인 변화를 주게 된다. 홍대용은 조선의 외교사절단이었던 숙부 홍억의 개인비서 자격으로 북경에 약 3개월 간 머물렀다. 이곳에서 그는 천주교 성당인 '남천주당'에 자주 방문하면서 서양 선교사를 통해 서양의 진보한 과학을 접할 수 있었다.

:: "지구는 돈다"

북경 여행을 마치고 돌아와 저술한 〈의산문답(醫山問答)〉에는 홍대용이 품었던 과학 사상이 고스란히 배어 있다. 의산문답은 '허자(虛子)'와 '실옹(實翁)'이라는 가상의 인물이 대화를 주고받으며 과학에 대해 토론하는 형식으로 돼 있다. 여기서 허자는 유교 사상을 대변하며 실옹은 근대 서양 과학을 대변한다. 홍대용은 실옹의 입을 빌려 맹목적인 유교를 비판하고 합리적인 과학 사상을 전달하려 했다.

허자: 예부터 하늘은 둥글고 땅은 네모라고 했소. 선생은 어찌해 땅이 둥글다 하시오?

실옹: 일식이 왜 일어나는지 아시오? 일식이 일어나면 태양에 둥근 고리가 생기오. 그 고리의 실체가 뭐겠소?

허자: 달이오.

실옹: 일식은 달이 해를 가리기 때문에 생기는 거요. 즉 달이 둥글다는 얘기요. 그럼 월식은 어떻소? 월식이 일어날 때 생기는 고리는 어떤 모양이오?

허자: 둥글었소.

실옹: 월식은 지구가 태양을 가리기 때문에 생기는 거요. 달에 비친 땅덩어리가 둥글다는 건 지구의 모양도 둥글다는 뜻이오. 월식을 보고도 땅덩어리가 둥글다는 걸 모르는 건, 자기 얼굴을 거울에 비춰 보고도 자기가 어떻게 생겼는지 모르는 것과 같소.

의산문답의 구성은 이 같은 식이다. 이어지는 이야기에는 지구가 회전하고 있다는 내용이 나온다. 홍대용은 "지구가 번개나 포탄만큼이나 빠르다"고 했다. 빛과 포탄의 속도는 매우 큰 차이가 나니 홍대용의 말이 정확한 표현은 아니지만 지구가 매우 빠르게 돌고 있다는 사실을 깨달았던 것 같다.

: : 소행성의 이름으로 영원히 남다

의산문답에는 떨어지는 현상, 즉 중력에 대한 고찰도 있다. 홍대용은 그 이유가 "기운이 땅으로 모이고 있기 때문"으로 봤으며 "땅에서 멀어질수록 이 힘은 자연스럽게 없어진다"고 했다. 그는 또한 지구가 우주의 한가운데 있지 않다고 생각했다. 우주는 한없이 넓고 지구는 그 중 하나의 천체일 뿐이라고 봤다. 더 나아가 이렇게 넓은 우주 속에 다른 생명체, 즉 외계인도 반드시 존재할 것이라고 믿었다.

혹자는 홍대용의 이와 같은 고찰이 이미 서양 선교사에게서 들은 이야기를 받아 적은 이론이기에 가치가 없다고 말한다. 사실 코페르니쿠스의 지동설은 1543년에 나왔기 때문에 홍대용의 발견은 그보다 훨씬 뒤의 일이다. 그러나 홍대용이 서양 선교사와 과학지식까지 상세히 대화할 의사소통 수단이 없었다는 점, 이미 조선에 성리학을 바탕으로 지구가 돈다는 김석문의 주장이 있었다는 점 등을 볼 때 서양 선교사에게 들은 이야기를 그대로 적었다고 보기는 힘들다. 결국 홍대용의 생각은 다른 사람의 영향을 받기는 했으나 우주의 무한성을 인정하는 가운데 자유롭게 독창적인 생각을 펼쳤다고 봐야 한다.

1783년, 53세의 홍대용은 중풍으로 상반신이 마비돼 죽음에 이른다. 친구였던 실학자 박지원은 추모하는 글에서 "식견이 원대하고 사려 깊고 독창적인 기지가 있었으며 사물을 종합해 체계적으로 분석한 사람"이라고 했다. 세월이 흘러 2005년 국제천문연맹 산하 소행성센터는 화성과 목성 사이에 돌고 있는 새로 발견된 소행성의 이름을 '홍대용'으로 명명했다. 합리적이고 과학적인 사상을 펼친 그의 이름이 별과 함께 영원히 기억되길 기대한다.

괴짜 과학자들의 비밀 노트 04
게이폭탄이 노벨평화상? 이그노벨상 2007

수상자가 발표를 하는데 관중석에서 종이 비행기가 연단으로 날아든다. 2005년 노벨 물리학상 수상자인 로이 글라우버가 연단에 날아든 종이비행기를 빗자루로 쓸어 담는 동안 수상자는 이에 전혀 아랑곳하지 않고 발표를 계속한다. 어떤 수상자는 발표 도중 칼 삼키기 묘기를 선보여 청중들을 깜짝 놀라게 한다. 주변을 둘러보니 로댕의 '생각하는 사람'이 나뒹굴고 있는 그림이 여기저기 찍혀 있다.

도대체 이 어수선한 분위기의 시상식은 뭘까? 이것은 노벨상 수상이 있기 전에 하버드대에서 열린 이그노벨(Ig Nobel)상 시상식이다. 엄숙한 분위기에서 진행되는 노벨상과 달리 괴짜 과학자들의 잔치인 이그노벨상 시상식은 자유분방한 분위기에서 열린다. 노벨상 수상자에게는 1,000만 크로나(약 14억 1,230만 원)의 상금이 주어지지만 이그노벨상 수상자에게는 한 푼도 주어지지 않는다. 게다가 시상식장까지 오는 여행 경비도 본인이 부담해야 한다.

이그노벨상은 미국 하버드대 《AIR(Annals of Improbable Research: 있을 법하지 않은 연구연보)》의 발행인 마크 에이브러햄이 1991년 제정한 상으로, '다시 할 수도 없고 해서도 안 되는 업적'을 남긴 과학자에게 주어진다. '품위 없는'이라는 의미의 단어 'ignoble'과 노벨(Nobel)을 합쳐 이그노벨이라는 이름이 탄생했다. 품위도 없고 노벨상보다 인류의 과학 발전에 미친 영향도 적지만, 사실 이그노벨상이 노벨상보다 훨씬 재미있다.

수상 분야는 매년 바뀌는데 10개 분야에서 10건의 연구가 선정된다. 한 분야에 한 연구결과가 선정되는 것이 원칙이나 특별한 경우 한 분야에 복수 연구결과가 선정되기도 한다. 올해에도 어김없이 재기발랄한 괴짜 과학자들에게 수상의 영광이 돌아갔다.

미국의 '에어포스 제작 연구실'은 평화를 가져오는 새로운 화학 무기를 창안하고 연구한 공로를 인정받아 평화상을 수상했다. 이 무기의 이름은 게이 폭탄(gay bomb). 연구팀은 폭탄이 적군 진지에 떨어져 화학 물질을 발산하면 적군의 병사들이 서로 '참을 수 없는 성적 흥분감'을 느껴 전투력을 크게 상실한다고 주장했다. 하지만 비

밀에 감춰진 게이 폭탄 개발자는 이날 시상식에도 모습을 드러내지 않았다.

영국의 브라이언 위트콤 교수와 미국의 '국제 칼 삼키기 묘기 협회' 댄 마이어 씨는 2006년 발표한 '칼 삼키기 묘기의 부작용'이라는 연구 결과로 의학상을 수상했다. 이들은 16개국의 칼 삼키기 재주꾼 46명을 조사한 결과 재주꾼의 마음이 심란한 상태에서 칼을 삼키거나 관중을 위해 지나치게 어려운 재주를 부릴 때 내장에 상처를 입기 쉽다는 사실을 알아냈다. 이들은 인후염과 비슷한 '검도염'을 앓는다고 한다. 재미있는 사실은 상처 입은 재주꾼이 의사의 실수로 내장에 구멍이 난 환자들보다 더 잘 회복된다는 것.

물리학상은 침대 시트가 구겨지는 원리를 학문적으로 규명한 미국 하버드대의 엘 마하데반 교수와 칠레 산티애고대의 엔릭 빌라블랑카 교수가 수상했다. 이들은 시트 재료의 탄성력과 시트를 당기는 힘을 바탕으로 구김의 법칙을 세웠다. 법칙에 따르면 시트는 뻣뻣할수록 더 자잘하게, 크기가 커질수록 더 복잡하게 구겨진다. 이 연구 결과는 저명한 학술지인 《네이처》와 《피직스 리뷰 레터스》, 그리고 《미국국립과학원회보(PNAS)》에 실렸다.

화학상은 쇠똥에서 바닐라맛 향료를 추출해낸 일본 국제 의학센터의 야마모토 마유 박사에게 돌아갔다. 미국의 한 유명 아이스크림 가게는 야마모토 박사의 향료를 사용한 아이스크림을 만들어 시상식에서 선보였다. 이 아이스크림의 이름은 '얌-어-모토 바닐라 트위스트'. 야마모토(Yamamoto)라는 이름을 '맛있다(Yam)'와 일본어의 '좀 더(Moto)'라는 단어 두 개로 바꾼 것이다. 그러나 "향료의 값이 저렴한 데도 불구하고 대부분 기업들이 상품화를 꺼려 발명자가 몹시 실망했다"는 후문이 있다.

그해 신설된 항공학상은 발기부전 치료제가 시차 문제를 해결한다는 연구결과를 내놓은 아르헨티나대 패트리샤 아고스티노에게 돌아갔다. 아고스티노 박사는 햄스터에게 발기부전 치료제를 투여했더니 시차 문제가 극복됐다고 주장했다. 그러나 사람의 시차 적응을 위해 비아그라를 투여해야 하는지에 대해서 많은 의사들은 회의적이라고 한다.

이밖에도 '그릇의 바닥이 보이지 않으면 평소보다 73% 더 많은 음식물을 섭취한다는 연구결과'(영양학), '침대에서 하룻밤 동안 만날 수 있는 진드기와 벼룩, 곰팡이의 개체수를 일일이 전수조사'(생물), '알파벳 순서로 인덱스를 제작할 때 나타나는 정관사 'The'의 문제점을 복잡하게 지적한 연구결과'(문학), 또 '은행 도둑을 즉시 잡을 수 있는 그물'(경제학) 등이 수상의 영광을 안았다.

이그노벨상을 받은 결과들은 대부분 실제 학술지와 저널에 실린 연구결과다. 이그노벨상 담당자 에이브러햄은 수많은 논문들을 살펴보다가 엉뚱하지만 기발한 연구 결과들에 끌려 이 상을 만들었다고 한다. 올해로 17회를 맞은 이그노벨상은 비판도 많이 받지만 '처음에는 웃음을 자아내지만 다시 생각하게 하는' 긍정적인 측면도 갖고 있다. 웃으면 복이 온다고 한 것처럼 어찌 알겠는가. 괴짜 과학자들의 위트가 세상을 어떻게 바꿀지.

**맛있고 간편한
과학도시락**

1판 1쇄 발행 2009년 12월 18일
1판 17쇄 발행 2021년 8월 30일

지은이 · 김정훈
펴낸이 · 주연선

책임편집 · 윤지현
본문디자인 · 정혜욱

(주)은행나무
04035 서울특별시 마포구 양화로11길 54
전화 · 02)3143-0651~3 | 팩스 · 02)3143-0654
신고번호 · 제 1997-000168호(1997. 12. 12)
www.ehbook.co.kr
ehbook@ehbook.co.kr

잘못된 책은 바꿔드립니다.

ISBN 978-89-5660-325-4 03400